Wassergärten

Hans-Werner Bastian

Wassergärten

Fachgerecht planen, anlegen und pflegen

MOEWIG

GESTALTUNG VON

WASSERGÄRTEN

Traumhafte Wassergärten

Zu besonders hoher Kunst haben die Chinesen und später die Japaner das Anlegen von Wassergärten gebracht

Traumhafte Wassergärten

Gärten mit künstlich angelegten Teichen, Wasserspielen und munter plätschernden Bachläufen erfreuen sich immer größerer Beliebtheit. Die Faszination des Wassers zieht die Menschen in ihren Bann. Sie sehen im Wasser ein Symbol für Leben und Kraft

Die Symbolkraft des Wassers in den Kulturen

Schon in den alten Hochkulturen hatte das Wasser eine große Bedeutung. Quellen galten oft als heilige Orte. In der Gartenbaukunst der Griechen, Römer und vor allem der Mauren spielte Wasser eine zentrale Rolle.

Auch die fernöstlichen Kulturen kennen kunstvoll gestaltete Wassergärten schon seit Jahrtausenden. Die frühen chinesischen Gartenbaumeister bemühten sich, die natürliche

Landschaft im Garten so exakt wie möglich nachzuahmen. Im Mittelpunkt stand dabei das Prinzip von Yin und Yang. Man versuchte durch ausgeklügeltes Positionieren von Steinen und Pflanzen Gleichgewicht und Harmonie bei der Gartengestaltung zu erreichen.

Ab dem 3. Jahrhundert n. Chr. gab es ein genau festgelegtes Muster, nach dem der fernöstliche Garten angelegt werden musste: ein See mit einer Insel, Holzbrücken, Trittsteine und die passende Bepflanzung.

Die japanische Gartengestaltung hat eindeutige chinesische Ursprünge. Die Form der Wasserflächen und die Kombination mit Brücken, Trittsteinen sowie Pflanzen folgen strengen Regeln

Für einen naturnah angelegten Teich genügt schon eine kleine Ecke des Gartens. Selbst ein hübsch bepflanzter Bottich macht Balkon oder Terrasse zu einem Wassergarten

Wassergärten sprechen die Sinne an

Wasserflächen im Garten ziehen automatisch den Blick des Betrachters auf sich. Die Spiegelungen in der glatten Oberfläche, das Spiel der Wellen bei Wind, die konzentrischen Kreise rund um einen Springbrunnen bieten optische Reize.

Das leise Plätschern eines Wasserspiels oder eines künstlich angelegten Bachlaufs ist Balsam für lärmgeschädigte Ohren. Man kann dabei herrlich entspannen und dem Alltag entfliehen.

Nicht zuletzt reizt der Wassergarten dazu, die Hände oder Füße ins kühlende Nass einzutauchen und sich einem ganz ursprünglichen Naturerlebnis hinzugeben.

Um den Erholungswert eines Wassergartens genießen zu können, bedarf es keiner großen Wasserflächen. Wer nur einen Balkon oder eine Terrasse besitzt, kann einen Kübel oder Bottich aufstellen, ihn mit Schilf oder Seerosen bepflanzen und vielleicht sogar einen kleinen Wasserspeier mit Miniaturpumpe anschließen. Gartenbesitzer müssen nur eine Ecke von wenigen Quadratmetern Fläche umgestalten, um z.B. einen kleinen Teich mittels einer vorgefertigten Wanne einzulassen oder ihn individuell geformt aus Folie anzulegen.

Wasser ist ein vielfältiger Lebensraum

Es dauert nicht lange, und selbst der kleinste Wassergarten wird zum Anziehungspunkt für zahlreiche Tiere. Vögel benutzen kleine Teiche sehr gern als Tränke und nehmen im flachen Uferbereich ein Bad.

Im Wasser entwickeln sich unzählige Kleinstlebewesen wie Insektenlarven oder Wasserflöhe. Auf der Oberfläche sind schon bald Wasserläufer zu beobachten, und Libellen umschwirren das Ganze mit der ihnen eigenen Grazie.

Der Wassergarten ist ein vielgestaltiger Lebensraum, der jeden Tag aufs Neue zum Beobachten einlädt. Wer sich hierher zurückzieht, findet seine kleine Oase, in der man den Alltagsstress im Nu abstreift.

Der Koi-Teich

Wer sich für die als Kois bekannten japanischen Zierkarpfen begeistert, muss einen möglichst großen Teich anlegen. Damit die farbenprächtigen Fische gut zu sehen sind, ist klares Wasser erforderlich. Dazu müssen Sie in der Regel eine leistungsstarke Filteranlage mit Umwälzpumpe installieren (siehe S. 81), da die Ausscheidungen der Tiere sonst eine Überdüngung des Wassers mit entsprechender Algenbildung herbeiführen. Kois werden schon nach kurzer Zeit handzahm.

Die Pflanzenwelt des Wassergartens

Zahlreiche Pflanzen, an denen der Gartenfreund besondere Freude hat, gedeihen im und am Wasser. Schon aus diesem Grund ist zumindest ein kleines Seerosenbecken für jeden Gärtner aus Leidenschaft ein unbedingtes Muss.

Wer über ein Gewächshaus verfügt, in dem sich empfindliche Wasserpflanzen frostfrei überwintern lassen, kann sogar exotische Seerosen oder prächtige Lotusblumen erfolgreich kultivieren. Ein möglichst sonniger Gartenteich dient dann als Sommerquartier.

Doch auch die heimische Wasserpflanzenwelt bietet zahlreiche attraktiv blühende Arten: von der leuchtend gelben Sumpfdotterblume über die Schwertlilie bis hin zum rosa Wasserknöterich.

Wenn sich Kois vermehren, ist das Teichbecken im Nu regelrecht übervölkert (Bild unten)

Üppiges Grün an den Ufersäumen, prächtige Seerosen auf der Wasserfläche – so präsentiert sich ein fachgerecht bepflanzter Teich. Exotische Seerosen wie im kleinen Bild setzt man samt Pflanzkübel in den Teich und überwintert sie im frostsicheren Gewächshaus

Wasserspeier können wahre Kunstwerke sein, wie der Flötenspieler auf dem oberen Bild beweist

Quellsteine (links) lassen sich mit einem Teich kombinieren, jedoch auch als separates Element anlegen

Der Reiz des bewegten Wassers

Um Leben in die sonst still ruhende Wasserfläche eines Gartenteichs zu bringen, werden sehr häufig Wasserspeier, Springbrunnen etc. installiert. Man liebt den Reiz des bewegten Wassers, das fließt und plätschert, als Fontäne in die Höhe steigt oder sanft sprudelnd aus einem Quellstein hervordringt. Ein Quellstein kann im Randbereich eines größeren Teiches platziert werden, lässt sich aber auch in ein kleines mit Steinen kaschiertes Auffangbecken setzen, in dem das Wasser einen ständigen Kreislauf beschreibt.

Wasserspeier am Teich sorgen für eine kontinuierliche Umwälzung, die gleichzeitig für eine Anreicherung mit Sauerstoff sorgt. In den Kreislauf können Sie bei Bedarf auch noch Filter integrieren, die das Teichwasser von Schwebstoffen und überschüssigen Nährstoffen befreien. Man sollte aber beachten, dass manche Fische sowie Teich- und Seerosen keine ständige Beregnung durch einen Wasserspeier oder einen Springbrunnen mögen.

Die natürlichste Form des bewegten Wassers erzielen Sie durch Anlegen eines kleinen Wasserfalls oder eines Bachlaufs, der in den Teich mündet. In beiden Fällen muss das Teichwasser zu einem erhöht liegenden Quellteich oder einer Schale gepumpt werden, von wo aus es über eine aus Folie oder speziellen Formteilen hergestellte Rinne zum Teichrand fließt. Dabei darf kein Wasser versickern. Allein die Verdunstung sorgt schon für Verluste, die im Sommer kontinuierlich ausgeglichen werden müssen. Ein Bachlauf filtert aber auch das Wasser und verbessert so seine Qualität.

Die zierliche Figur dient als Wasserspeier für den darunter liegenden Teich

Wasserfälle und Bachläufe erzeugen die perfekte Illusion eines natürlichen Gewässers, das kontinuierlich durch Frischwasser gespeist wird

PLANEN

UND ANLEGEN

Von der Idee zur Umsetzung

Formal angelegte Teiche

Gestaltungsdetails rund um den Gartenteich

Naturnahe Teiche und Bachläufe

Die Planung eines Wassergartens sollte sich an gelungenen Beispielen orientieren. Dieses Buch bietet dazu zahlreiche Anregungen

Von der Idee zur Umsetzung

Am Anfang steht das Sammeln von Ideen und Eindrücken. Beispiele gelungener Wassergärten werden als Vorbilder genutzt und entsprechend den jeweiligen Gegebenheiten abgewandelt. So reift schließlich das Konzept für den eigenen Wassergarten

Fachgerechte Planung eines Wassergartens

Der eigene Garten ist für viele ein kleines, aber dafür schnell zugängliches Erholungsgebiet vom oft stressigen Alltag. Aus diesem Grund sollte die Gestaltung des Fleckchen Grüns hinterm Haus gut überlegt sein. Lagen noch bis vor wenigen Jahren in erster Linie steril wirkende englische Rasenflächen und unkrautfreie Rabatten im Trend, so setzen sich heute immer mehr naturnahe Gärten mit Wildblumenwiesen oder Teichen und künstlich angelegten Bachläufen durch. In solchen

Ein großzügig dimensionierter und sehr naturnah angelegter Teich an einem frei stehenden Einfamilienhaus. Mehrere Holzterrassen auf Stahlunterkonstruktion ragen über die Wasserfläche hinaus

ökologisch angelegten Gärten fühlt sich nicht nur der Mensch wohl, sie stellen darüber hinaus auch einen Anziehungspunkt für viele Tiere dar.

Der gute Hobbygärtner zeichnet sich heute nicht mehr dadurch aus, dass er seinen Garten unkraut- und schädlingsfrei hält, sondern es sollte ihm gelingen, auf einer noch so kleinen Fläche möglichst vielen heimischen Pflanzen und Tieren ein Zuhause zu geben. Wird ein Garten von Singvögeln, Schmetterlingen oder Hummeln aufgesucht, ist dies ein sicheres Zeichen dafür, dass eine naturnahe Gestaltung gelungen ist. Und ein Platz, an dem sich die heimischen Tiere wohl fühlen, bietet letztlich auch dem Menschen die beste Erholung.

Wasserflächen müssen zum Grundstück passen

Form und Größe der Wasserflächen müssen bei der Planung eines Wassergartens auf das jeweilige Grundstück zugeschnitten sein, damit eine harmonische Anlage entsteht. Bei einem frei stehenden Haus mit großem Gartengrundstück, wie auf den Bildern der linken Seite gezeigt, lässt sich ein Teich anlegen, der fast die ganze Grundstücksbreite beansprucht, ohne dass die Proportionen gestört wären. Über die Wasserfläche hinausragende Terrassen sorgen hier für einen unmittelbaren Kontakt zum Teich.

Steht dagegen nur ein Reihenhausgrundstück zur Verfügung, muss man wesentlich zurückhaltender planen. Dennoch ist auch in diesem Fall eine harmonische Lösung möglich, bei der Wasser das dominierende Gestaltungselement darstellt. Die Zeichnung rechts zeigt, wie ein Wassergarten auf engem Raum angelegt werden kann.

Das so genannte ökologische Gleichgewicht lässt sich allerdings in einem größeren Teich stets leichter erzielen als in einem kleineren. Wenn es die Größe des Grundstücks erlaubt, sollte man das Gewässer so anlegen, dass die Oberfläche mindestens 12 m²

Reihenhaus-Wassergarten

An die aus Holz gebaute Terrasse schließt sich hier ein lang gestreckter, durch einen Steg geteilter rechteckiger Teich an, der die ganze rechte Gartenhälfte bedeckt. Links von der Terrasse wurde ein Quellstein vorgesehen. Der 6 m breite Garten ist etwa 13 m lang.

Schnittzeichnung

Die Zeichnung oben zeigt den Schnitt durch einen Teich mit verschieden tiefen Zonen. Rechts sehen Sie, wie ein solcher Teich entsteht

umfasst, wobei die maximale Tiefe einen Meter oder mehr betragen sollte. Ein Teich dieser Größe besitzt eine relativ stabile Temperatur und ist meist auch in der Lage, sich selbst zu reinigen.

Sollte ihr Teich-Projekt aber deutlich umfangreicher ausfallen, ist unter Umständen eine Genehmigung notwendig. Ab einer geplanten Fläche von 30 m^2 sollten Sie sich bei den örtlichen Baubehörden, Landschaftspflegebehörden, Bezirks- oder Landesämtern erkundigen, wie die Vorschriftenlage in Ihrem Bundesland ist.

Auch das geltende Nachbarrecht muss bei der Teichplanung beachtet werden. Achten Sie darauf, dass Sie Grenzabstände ordnungsgemäß einhalten. Wichtig ist es zudem, auf die Sicherheit zu achten. Ein Teich sollte im Idealfall für Kleinkinder überhaupt nicht zugänglich sein. Ist er es doch, so darf er auf keinen Fall steil abfallende Ufer besitzen.

Achten Sie darauf, dass Ihr Teich die richtige Dosis an Sonnenlicht erhält. Bei einem großen Gewässer sind 6-8 Stunden täglich im Frühling und Sommer ideal, kleinere Teiche dagegen brauchen um die Mittagszeit 2-3 Stunden Schatten, damit sie sich nicht zu stark aufheizen. Diesen Schatten können benachbarte Bäume oder Sträucher spenden. Aber Achtung: Flach wurzelnde Gewächse dürfen bei Folienteichen nicht zu nah am Gewässer stehen, da die Wurzeln die Teichfolie beschädigen können.

Am einfachsten lässt sich ein Gartenteich unter Verwendung eines Kunststoffbeckens anlegen. Bei größeren Teichprojekten müssen Sie auf Teichfolie zurückgreifen. Beim Folienteich ist es sehr wichtig, einen stabilen Rand auszubilden, der kein Wasser ansaugt. Durch die so genannte Kapillarwirkung kann ein Teich leicht große Mengen an Wasser verlieren, sodass ständig nachgefüllt werden muss. Auf Seite 37 wird gezeigt, wie man den Rand eines Folienteiches richtig anlegt.

Die Schnittzeichnung links macht deutlich, wie die Wassertiefe abgestuft werden sollte, damit ein ausgewogenes Verhältnis von Tief- und Flachwasserzonen entsteht. Nur so ist eine natürliche Bepflanzung möglich, und es entstehen Lebenssräume für die verschiedenen Tiere im Teich.

Professionelle Hilfe ist oft unverzichtbar

Um einen Fertigteich einzugraben und rundherum ansprechend zu bepflanzen, braucht man keine besonderen Kenntnisse und Erfahrungen. Die erforderlichen Arbeitsschritte sehen Sie auf den Seiten 48 bis 51. Gleiches gilt für kleinere Folienteiche. Je größer die Proportionen eines Wassergartens aber werden und je vielfältiger die Gestaltungsdetails sein sollen, um so eher braucht man einen Fachmann. Bücher wie das vorliegende bieten eine Vielzahl von Anregungen, zeigen dem praktisch veranlagten Gartenfreund auch, wie man konkrete Wassergarten-Projekte Schritt für Schritt umsetzt, können aber die Erfahrung eines auf Wassergärten spezialisierten Gartenbauers nicht ersetzen.

Solche Fachunternehmen bieten im Idealfall auf ihrem Ausstellungsgelände eine Palette verschieden großer und unterschiedlich gestalteter Teiche, Wasserfälle und Bachläufe als konkretes Anschauungsmaterial. So ist zum Beispiel die Ausstellung der Firma „Der Wassergarten" im niedersächsischen Nortmoor bei Leer zu nennen (www.der-wassergarten.de), die ihren Besuchern fachmännisch angelegte Wassergärten zeigt. Dort sind auch zahlreiche der hier veröffentlichten Fotos entstanden.

Besucher einer solchen Ausstellung können sich beraten lassen, bekommen alle Materialien, die man für den Bau bestimmter Projekte braucht, können aber auch ihren individuellen Wassergarten vom Profi planen und komplett anlegen lassen.

In diesem Fall werden für die erforderlichen Erdbewegungen Maschinen eingesetzt. Das Verlegen großer Folien, das eventuell erforderliche Verschweißen von Folien vor Ort, Transport und Verlegung von zentnerschweren Steinen usw. wird durch geübte und mit den notwendigen Maschinen ausgerüsteten Fachleuten übernommen.

Das Ergebnis ist dann ein Wassergarten, bei dem alles stimmt und bei dem keine Planungs- oder Ausführungsfehler stören oder später aufwändige Nachbesserungen nötig machen.

Das Anlegen solcher Wasserfälle sollte man besser einem Profi überlassen

Formal angelegte Teiche

Je weniger Platz ein Gartengrundstück bietet, umso eher wird man Teiche geometrisch anlegen, um die Fläche optimal zu nutzen und das Wasser auch gut zugänglich zu machen

Klare Formen im Kontrast zu üppigem Grün

Der hier gezeigte Wassergarten entstand in einem Wohnviertel mit Reihenhäusern aus den 20er Jahren des letzten Jahrhunderts. Die Gartengrundstücke sind deutlich größer als bei heutigen Reihenhäusern. Dennoch bleibt für einen Teich nur ein bescheidener Platz, wenn man nur eine Hälfte des Gartens dafür opfern will.

Klassische Folienteiche haben, je kleiner sie sind, den Nachteil, dass sich wegen der flach auslaufenden Ufer nur eine relativ geringe Wassertiefe und

Das große Bild in der Mitte zeigt die Teichanlage in der Draufsicht. Links der Blick von der Gartenseite zur Sitzbank an der Terrasse

Eine Gartenlaterne sorgt dafür, dass man den Wassergarten auch bei Dunkelheit bewundern kann (links)

Die gemauerte Teichumrandung mit den angegliederten Pflanzbeeten bietet Platz für üppiges Grün, das den klaren Formen ihre Härte nimmt (oben)

Gesamtwassermenge realisieren lässt. Will man Seerosen pflanzen und größere Fische einsetzen, reicht das Teichvolumen dafür kaum aus.

Ein rechteckig angelegter Teich, der wie hier aus zwei miteinander verbundenen Becken besteht, nutzt zunächst die Fläche besser. Ein Weiteres tut der aus Klinkersteinen gemauerte Teichrand. Er erhöht die Wassertiefe. Und wenn man dann noch die Ränder steil abfallen lässt, also auf Flachwasserzonen verzichtet, entsteht leicht ein Beckenvolumen von etlichen Kubikmetern, das die gewünschte Bepflanzung und den Fischbesatz möglich macht. Die hier gezeigte Konstruktion wurde betoniert und mit Dichtschlämme behandelt. Die Pflanzen befinden sich in Containern, was sie aber nicht hindert, so üppig zu wachsen, dass die gemauerte Umrandung großenteils verdeckt wird und so die klaren Formen bricht. Teilweise ist der Teichrand auch mit gemauerten Pflanzbeeten versehen. Dort können sich Efeu und Kräuter ausbreiten. Zwei Fontänen mit vorgeschalteten Filtern sorgen für sauerstoffhaltiges und sauberes Wasser.

Wassergärten direkt an der Terrasse

Wer das Leben im Wasser unmittelbar beobachten will, braucht einen Wassergarten, der mit der Terrasse eine Einheit bildet. Die Bilder unten zeigen eine Lösung, bei der in der mit Platten belegten Terrassenfläche ein rechteckiger Ausschnitt vorgesehen wurde, um dort einen Fertigteich einzulassen. Die Bepflanzung des Uferbereichs wie auch der verbleibenden Zone zwischen Teichbecken und Terrasse sorgt dafür, dass die Konturen des Beckens kaum noch zu erkennen sind. Zwischen den Steinen sieht man eine grüne Insel mit einer Wasserfläche in der Mitte.

Das Beispiel rechts zeigt einen quadratischen Teich, der an drei Seiten von Holzterrassen umgeben ist. Teilweise liegen die Terrassen höher, teilweise niedriger als die Wasseroberfläche. Die formale Gestaltung ermöglicht wieder ein besonders großes Teichvolumen. Nur an zwei Seiten besitzt der Teich Flachwasserzonen, ansonsten fällt das Ufer steil ab. Dort kann man auf dem hochgelegten Teichrand sitzen.

Detaillierte Informationen zur Konzeption und zum Bau dieses Wassergartens einschließlich der Holzterrassen finden Sie auf den Seiten 72 bis 79.

Links und unten: In eine rechteckige Aussparung der Terrasse wurde ein Fertigteich eingelassen

Der hier gezeigte quadratische Teich ist Teil eines Wassergartenkonzepts, bei dem der Baustoff Holz dominiert. Obwohl ganz formal angelegt, wirkt der Teich durch seine Bepflanzung sehr natürlich

Gestaltungs-details rund um den Gartenteich

Brücken und Stege erschließen den Wassergarten. Sie sollen sich harmonisch in die Gestaltung einfügen. Hübsche Dekorationen runden das Bild ab

Holzbrücken für Teiche und Bachläufe

Je nach Größe und Länge von Teichen und Bachläufen im Garten werden oft Wege durchkreuzt. In diesem Fall ist eine Brücke die beste Lösung. Wenn die Wasseroberfläche deutlich unter Bodenniveau liegt, empfiehlt sich ein Steg. Dazu müssen zwei Balken auf geeignete Fundamente (Gehwegplatten oder Punktfundamente mit Pfostenschuhen) gelegt werden. Diese Balken bilden die Basis für die Querbretter, die einfach aufgeschraubt werden. Die Brücke ist also im Nu fertig und begehbar. Natürlich kann man nun noch ein ein- oder zweiseitiges Geländer anbringen. Hierzu schraubt man senk-

rechte Pfosten an die Lagerbalken und befestigt daran den Handlauf. Etwas aufwändiger in der Konstruktion, dafür aber umso dekorativer sind gewölbte Brücken. Für den Aufbau brauchen Sie in diesem Fall geschweifte Lagerbalken, die aus schichtverleimtem Holz hergestellt werden. Alle großen Anbieter von Gartenhölzern haben solche Balken im Sortiment. Die passenden Auflagebretter und den Handlauf schneiden Sie sich selbst zu. Wer es einfacher wünscht, kann auch auf einen kompletten Bausatz zurückgreifen, bei dem die fertig zugeschnittenen Teile nur noch zusammengeschraubt werden müssen.

Das hier abgebildete Montagebeispiel zeigt eine Konstruktion aus fertig gekauften Brückenbögen und Handläufen. Die Bodenbretter wurden dagegen selbst passend zugeschnitten. Bei dem Material handelt es sich um witterungsbeständiges Western-Red-Cedar-Holz, das keine Schutzlasur braucht. Wenn man nach einiger Zeit jedoch eine optische Auffrischung wünscht, kann man das Holz lasieren.

Das Bild unten zeigt das Material vor der Montage. Die Bilder rechts zeigen Details vom Zusammenschrauben und Aufbauen der Brücke.

Montage

Entsprechend der gewünschten Breite der Brücke werden die Bretter abgelängt und mittels Metallwinkeln mit den geschweiften Brückenbögen verbunden

Als Auflager der Brückenbögen dienen zwei Pflastersteine, die man im passenden Abstand in ein Bett aus Magerbeton legt und höhengleich ausrichtet

Hier ist die Brücke bereits aufgelegt. Die Pfosten der Handläufe werden an einbetonierten Pfostenschuhen befestigt. Zuletzt die Handläufe verschrauben

Brücken aus Stein

Für schmale Bachläufe und Teiche bekommen Sie im Gartenfachhandel fertige Brücken aus Beton oder Naturstein. Sie werden einfach in ein Bett aus Magerbeton gelegt. Wegen des hohen Gewichtes muss man sich solche Bauteile anliefern lassen. Für die Verlegung braucht man mehrere Helfer oder sogar einen Mini-Bagger.

Steinerne Brücken passen besonders gut zu gepflasterten Wegen. Gegenüber Holz haben sie den Vorteil, dass sie keiner Pflege bedürfen und niemals erneuert werden müssen

Dekorationen für den Wassergarten

Ein liebevoll gestalteter Wassergarten bekommt sein I-Tüpfelchen durch die passenden Dekorationen: Sei es eine hübsche Wassernixe aus Bronze oder ein mehr oder weniger Furcht erregender „Wassergeist" aus Stein, wie sie heute vorwiegend aus Asien importiert werden. Figuren, die direkt ins Wasser gesetzt werden sollen, brauchen eine stabile Unterlage, auf der sie fest verankert werden können. Meist legt man große Steine in den Teich und formt darauf einen Sockel aus Beton, auf den dann die Figur gesetzt wird. Das Ganze muss aufgebaut werden, ehe man den Teich komplett flutet, da der Sockel sich ja unterhalb der späteren Wasserlinie befinden soll.

Kleinere Figuren kann man auch auf Steine im Wasser oder am Teich- bzw. Bachrand setzen. Die Keramikgänse im großen Bild unten haben ihren Platz auf einem Holzdeck gefunden, das ein Stück über die Wasseroberfläche hinausragt. Ein solches Deck oder auch ein Steg aus Holz haben den Vorteil, dass Sie bei rundum gut eingewachsenen Teichen zumindest von einer Seite gut ans Wasser herankommen und das Leben im Teich ganz unmittelbar beobachten können. Ideal ist ein solcher Platz auch für den Liegestuhl.

Zwischen üppigen Seerosen kniet eine zierliche Wasserschöpferin aus Bronze

Ob fratzenschneidende „Wassergeister" oder friedliche Gänse – dekorative Figuren runden das Bild des Wassergartens ab

Naturnahe Teiche und Bachläufe

Der Lebensraum, den der Mensch mit seinen Häusern und Straßen für sich beansprucht, geht stets auf Kosten von Pflanzen und Tieren. Es sollte uns daher ein Anliegen sein, der Natur in unseren Gärten ein wenig von ihrem Lebensraum zurückzugeben

Aktiver Naturschutz beginnt im Garten

Das Anlegen naturnaher Gärten mit Teichen und Bachläufen mag angesichts gewaltiger Umweltprobleme wie Waldsterben oder der Abwasserbelastung unserer Seen und Flüsse wie der sprichwörtliche Tropfen auf den heißen Stein wirken.

Die Schaffung ökologischer Gärten setzt jedoch stets wertvolle Akzente, die nicht zuletzt auch ein langfristiges Umdenken fördern. Und dass ein solches Umdenken bereits begonnen hat, zeigt die Tatsache, dass private Öko-Projekte wie Fassadenbegrünung oder das Anlegen von Naturteichen und Vogelhecken teilweise von den Kommunen bezuschusst werden. Fragen Sie in Ihrem Rathaus bei der entsprechenden Informationsstelle nach. Zumindest werden solche Projekte vielfach ideell gefördert. Es gibt Beratung durch Umweltbeauftragte und Unterstützung durch Umweltorganisationen.

Pflanzen-Tauschbörsen

Wasserpflanzen aus dem Fachhandel sind recht teuer. Um den neu angelegten Teich preiswert zu bepflanzen, kann man sich auch auf Tauschbörsen eindecken, die in vielen Städten veranstaltet werden. Dort geben Teichbesitzer überzählige Pflanzen ab, die herausgenommen werden mussten oder durch Teilung entstanden sind. Es lohnt sich auch, per Kleinanzeige nach Teichbesitzern zu fahnden, die alte Teiche ausräumen oder deren Bepflanzung ausdünnen.

Wassergärten als wertvolle Biotope

Ein Problem für viele Tiere ist der stetige Rückgang an natürlichen Wasserstellen. Singvögel etwa können nur dort heimisch werden, wo sie auch einen Platz zum Trinken und Baden vorfinden. Es spricht also einiges dafür, einen Gartenteich anzulegen.

Man sollte jedoch vor allem bei kleinen Teichen unbedingt darauf achten, dass man seinen Teich im ökologischen Übereifer nicht mit zu vielen Fischen besetzt. So entstehen keine wertvollen Biotope, sondern schmutzige, veralgte Pfützen, in denen ein Lebewesen dem anderen den Raum nimmt und ums Überleben kämpfen muss. Weniger ist hier meist mehr. Dass man sich Pflanzen und Tiere nicht wahllos in der freien Natur besorgt, sondern im Fachhandel, sollte für jeden Naturfreund selbstverständlich sein.

Unten: Naturnah angelegte Teiche locken mit ihrem Futterangebot auch Wildenten an. Wasservögel können allerdings die Bepflanzung eines Teiches zerstören

Oben: ein naturnah angelegter Ufersaum mit groben Kieseln als Abdeckung der Folie

Links: Hat der Teich eine Flachzone, fühlen sich auch Pflanzen wie die im Frühjahr blühende Wasserfeder wohl

Oben: Natursteine bilden die Umrandung eines künstlichen Bachlaufs aus Folie. Der Wasserfall darunter ergießt sich über einen künstlichen Felsen. Rechts sieht man einen Wasserfall an einer Natursteinwand

Randgestaltung

Endet die Teichfolie im Mutterboden des Teichrands, kommt es zu einer so genannten Kapillarwirkung – das Erdreich saugt Feuchtigkeit aus dem Teich

Auch bei dieser Lösung besteht die Gefahr, dass dem Teich ständig Wasser entzogen wird. Entsprechend häufig muss man den Teich nachfüllen

So vermeiden Sie die Kapillarwirkung: Die Folie wird zwischen den Ufersteinen senkrecht hochgeführt. Kein Kontakt zwischen Erdreich und Wasser

Grundsätzlich lässt sich sagen, dass sich ein ökologisches Gleichgewicht bei größeren Gewässern leichter einstellt als bei kleinen. Aus diesem Grund empfehlen Fachleute Gartenbesitzern stets, ihren Teich so groß wie möglich anzulegen. Je kleiner der Teich, desto mehr Fingerspitzengefühl braucht man bei der Pflege und desto verheerender können sich Fehler bei der Bepflanzung oder dem Einsetzen von Tieren auswirken. Neben der möglichst hohen Kubikmeteranzahl des Gewässers ist zudem noch wichtig, dass der Teich sowohl Tief- als auch Flachwasserzonen aufweist, damit er den Bedürfnissen vieler verschiedener Lebewesen gerecht wird (siehe S. 22). Für die Bepflanzung des Teiches gilt, dass man auf heimische Pflanzen zurückgreifen sollte, da sie am besten an unsere klimatischen Bedingungen angepasst sind. Setzen Sie die Pflanzen in ein nährstoffarmes Substrat. Zu viele Nährstoffe fördern das Wachstum der Algen, die das anfangs klare Gewässer schnell trüb erscheinen lassen. Starke Algenbildung ist stets ein Hinweis auf ein gestörtes ökologisches Gleichgewicht. Bei richtiger Bepflanzung werden dem Wasser kontinuierlich Nährstoffe entzogen, der Algenwuchs wird so eingedämmt, und das Wasser bleibt klar.

Steine sind die beste Uferbefestigung für einen Folienteich. Wie die Folie gelegt werden muss, zeigt das linke untere Bild

PRAXIS DES

TEICHBAUS

Materialien für den Teichbau einkaufen

Ein Fertigteich wird eingebaut

Folienteiche bieten gestalterische Freiheit

Bachläufe und Wasserfälle anlegen

Großzügiger Teich mit Holzumrandung

Wassergarten mit Holzterrassen

Materialien für den Teichbau einkaufen

Während früher Teiche häufig betoniert oder vor Ort aus glasfaserverstärktem Kunststoff gebaut wurden, arbeitet man heute meist mit witterungsbeständiger Teichfolie oder mit so genannten Fertigbecken

Schnelle Mini-Wassergärten aus kleinen Fertigbecken und Kübeln

Die Möglichkeiten der Abdichtung einer vorgefertigten Mulde im Boden, um diese anschließend mit Wasser zu füllen, sind vielfältig. Immer wieder wird auf Beton, glasfaserverstärkten Kunststoff oder auch auf Lehm und Ton verwiesen. Die Erfahrung zeigt jedoch, dass sich Teichbecken aus Kunststoff und Teichfolie für den heimischen Teich am besten eignen. Sie lassen sich einfach verarbeiten und zeichnen sich durch gute Haltbarkeit aus.

Wer nur ein sehr kleines Grundstück sein Eigen nennen kann, muss deshalb nicht ganz auf Wasser im Garten verzichten. Eine kleine Wasserlandschaft erhalten Sie auch, wenn Sie runde oder rechteckige Mörtelkübel mit 60 oder 90 Litern Inhalt kaufen (für ca. 10 Euro das Stück im Baumarkt erhältlich) und diese in den Boden einlassen. Anschließend lassen Sie Wasser ein und bestücken die Kübel mit Pflanzen. Ein solcher Mini-Wassergarten lässt sich auch auf der Terrasse oder dem Balkon aufstellen.

Ideal für den Bau kleinerer Gartenteiche sind Fertigbecken aus stabilem Kunststoff, die man nur noch in eine entsprechend vorbereitete Mulde setzen muss. Oben ein Exemplar mit besandeter Uferzone. Das Becken links hat eine spezielle Mulde zum Einsetzen eines Bio-Filters.

Fertigbecken in verschiedenen Größen und Formen

Der schnellste Weg zum eigenen Gartenteich ist sicher die Verwendung eines Fertigbeckens aus Kunststoff. Es wird einfach in eine vorgefertigte Mulde im Boden eingelassen und mit Sand eingeschlämmt. Dabei ist stets darauf zu achten, dass keine Hohlräume zurückbleiben, die ein späteres Absacken des Beckens verursachen könnten. Wer ohnehin nur einen kleinen Teich anlegen kann oder will, für den ist das Fertigbecken mit Sicherheit die richtige Wahl.

Die vorgefertigten Teichschalen bestehen in der Regel aus Polyäthylen. Aber auch glasfaserverstärktes Polyester findet in der Teichbeckenherstellung Verwendung. Für manche Becken erhalten Sie auch Anschlussmodule für Bachläufe, die mit dem Teichbecken verschraubt werden. Damit das Gewässer einen natürlichen Charakter bekommt, ist es wichtig, dass der Rand des Beckens nach dem Befüllen gut abgedeckt wird. Meist kommen hier Steine zum Einsatz. Der Handel bietet mittlerweile aber auch Alternativen, wie die so genannte Steinfolie, an.

Teichfolie ist dauerhaft witterungsbeständig

Folie ist das Material, das beim Bau eines Gartenteiches am häufigsten zum Einsatz kommt. Es lässt sich auch von Anfängern gut verarbeiten und zeichnet sich auch bei ausgeprägter Flexibilität durch eine hohe Robustheit aus. Bei sachgerechter Verarbeitung kommt es auch nach

Bottich als Miniteich

Die Mini-Lösung für kleine Gärten: Reicht der Platz für einen Gartenteich nicht aus, kann man sich ein wenig Wassergarten-Atmosphäre schaffen, indem man einen oder mehrere Kübel von 50 bis 100 Litern Inhalt aufstellt und sie mit Wasserpflanzen bestückt. Die im Baumarkt erhältlichen Mörtelkübel aus Kunststoff sind preiswert und für diesen Zweck gut geeignet, weil sie auch Frost überstehen.

Vlies

Polstervlies aus gewebtem Synthetikmaterial schützt Teichfolien vor Beschädigungen. Das Gewebe ist verrottungsfest und hält Wurzeln und Nagetiere ab

Jahrzehnten zu keinen Rissen oder Brüchen des Materials. Auch bei dauerhaftem Witterungseinfluss bleibt die Teichfolie wasserdicht.

Diese hohen Qualitätsstandards gelten natürlich nur für speziell für den Teichbau ausgewiesene Folien. Verwenden Sie auf keinen Fall andere für den Baubereich hergestellten Folientypen. Diese sind zum einen nicht so langlebig und geben zum anderen Umwelt belastende Stoffe an Erdreich und Wasser ab.

Bei der Herstellung von Teichfolien kommen Polyäthylen (PE), Polyvinylchlorid (PVC) und hochwertiger Kautschuk zum Einsatz. Da PE und PVC nur mäßig flexibel sind, werden den Materialien Weichmacher und spezielle Stabilisatoren zugefügt, die die Folie nicht nur elastischer, sondern auch UV-beständig machen.

Wer nicht so recht an die Langlebigkeit der Teichfolien glauben kann, der sollte einen Blick auf die Garantie des Herstellers werfen, die bei 10-15 Jahren liegen sollte. Ein weiteres Qualitätsmerkmal ist, wenn die Folie regeneratfrei ist, das heißt, sie besitzt keine Anteile wiederverwerteter Folien, die unter Umständen mit Giftstoffen versetzt sind. Wenn Sie auf Umweltverträglichkeit Wert legen, sollten Sie auch sicher ausschließen können, dass die Folie als Stabilisator das hochgifti-

Hier ein Vlies, das aus filzartigem Gewebe besteht. Es wird aus recyceltem Material hergestellt und in verschiedenen Rollenbreiten angeboten

Teichfolien

Teichfolien werden in unterschiedlichen Färbungen angeboten: Die Standardausführung ist schwarz; besonders naturnah wirken erdfarbige Folien

Damit die Teichfolie sich dem Profil des vorbereiteten Untergrunds optimal anpasst, sollte man sie an einem möglichst warmen Tag verlegen

Beim Auslegen des Teichvlieses lässt man die Bahnen großzügig überlappen. So wird die Folie weich abgepolstert und ist optimal geschützt

Im Gartencenter werden Folien, Vlies und so genannte Steinfolien für den Teichrand übersichtlich auf einem Rollenständer angeboten

Dann ist sie besonders elastisch. Randüberstände werden zuletzt mit der Schere abgeschnitten und je nach Konstruktion mit Steinen oder Kies bedeckt

ge Schwermetall Cadmium enthält. Deutlich teurer, aber dafür in Bezug auf Umweltverträglichkeit und Belastbarkeit vorzuziehen, sind Kautschukfolien. Kautschuk ist von Natur aus elastisch und braucht keine zusätzlichen Weichmacher. Im Gegensatz zu PE- und PVC-Folien lässt sich Kautschuk auch bei Frosttemperaturen noch verarbeiten. Die Kunststofffolien sind bei Temperaturen unter 15 °C zu unflexibel und passen sich dem Teichprofil nicht richtig an.

Sie erhalten die Teichfolie bei Ihrem Händler in verschiedenen Materialstärken. Hier sollten Sie jedoch nicht auf den Euro schauen und sich lieber für die stabilere Folie von 1 mm Dicke entscheiden und die 0,5 mm starke Folie beiseite lassen. Für welche Farbe Sie sich entscheiden, ist jedoch nebensächlich. Mit einem erdähnlichen Ton erzielen Sie allerdings eine natürlichere optische Wirkung als mit schwarzer Folie. Eine leichte Strukturierung der Folienoberfläche kann sehr vorteilhaft sein, weil sich Schwebstoffe auf einer solchen Oberfläche leichter absetzen können und so ein gleichmäßig bedecktes Teichbett entsteht.

Auch wenn die Folie sehr belastbar ist, so sollte man, bevor man sie auslegt, unbedingt alle spitzen Steine und Wurzeln vom Muldengrund entfernen. Ein Bett aus feinem Sand bildet den idealen Untergrund für den Folienteich. Wer nicht nur am Teichgrund, sondern auch an den Wänden der Mulde eine optimale Polsterung für die Folie wünscht, besorgt sich beim Händler am besten Spezialvlies aus gewebtem Synthetikmaterial, mit dem die Grube ausgekleidet wird. Neben der Polsterung stellt das Vlies auch eine wirksame Barriere gegen von unten eindringendes Wurzelwerk dar.

Randabdeckungen

Eine spezielle Böschungsmatte aus Nylongewebe kann im Uferbereich und an steilen Böschungen der Bepflanzung Halt auf der glatten Folienoberfläche geben (A). Hier wird die Böschungsmatte bis an die Wasserlinie heran mit Kieseln abgedeckt (B). Nach der Bepflanzung durchdringen die Wurzeln das Nylongewebe.

Wenn der Uferbereich nicht mit Steinen abgedeckt wird, die Folie aber geschützt sein soll, kann man so genannte Steinfolie mit Feinkiesbesandung auflegen (C). Besonders gut ist die mit feinen Kieseln und Sand beschichtete Steinfolie für Bachläufe geeignet. Es gibt auch Fertig-Elemente mit entsprechender Oberfläche (D).

Beschädigte Folie

Bei einem unsachgemäß angelegten Teich mit ganz steilen Ufern ohne Abdeckung der Folie ist das Material ständig dem Sonnenlicht ausgesetzt. Nach einigen Jahren wird die frei liegende Folie dann brüchig und undicht. Die Folge ist, dass das Teichwasser versickert und ein immer breiterer Folienstreifen ungeschützt ist. In diesem Fall hilft nur noch eine Sanierung des Teiches. Dabei formt man eine flache Uferzone, in der die neue Folie mit Sand oder Steinen bedeckt wird. Dann wandern auch keine Nährstoffe aus der Umgebung ins Wasser, die wie im Bild oben zu einer gefährlichen Überdüngung des Wassers führen.

Die Uferzone wird befestigt

Will man vermeiden, dass die Teichfolie im Uferbereich und an den Böschungen frei liegt, empfiehlt sich der Einsatz von Böschungsmatten aus Nylongeflecht. Pflanzen finden in deren Maschen auch bei einer 45°-Neigung noch ausreichenden Halt.

Wer natürlichen Materialien den Vorzug gibt, greift stattdessen zu grobmaschigen Kokosmatten, die teilweise auch ausgearbeitete Pflanztaschen besitzen. Der Vorteil der Kokosmatten ist, dass sie nach einigen Jahren verrotten. In dieser Zeit haben die Pflanzen durch die Ausbildung eines Wurzelteppichs genügend Halt gefunden, sodass sie keine Mattenverankerung mehr brauchen.

Sand, Kies und Steine

Die Teichfolie sollte möglichst ganz bedeckt sein. Man wählt dazu am besten sauberen Kies. Auf keinen Fall nährstoffhaltigen Mutterboden zufügen

Pflanztaschen

Damit die Pflanzen auch an steilen Uferböschungen Halt finden, kann man solche Kokosmatten mit angeformten Pflanztaschen auslegen

In die Taschen kommt spezielle Teicherde, die nur wenig Nährstoffe enthält. Dann setzt man die Pflanzen ein, die das Substrat sehr schnell durchwurzeln

Ideal für die Randbefestigung eines Gartenteiches sind Bruchsteine. Man lässt sie mit dem Lkw von einem örtlichen Steinbruch anliefern

Flache Bruchsteine können auch sehr gut zum Bau von Bachläufen und Wasserfällen benutzt werden. Dabei müssen Sie die Steine sorgfältig auswählen

Ist der Teich nach einigen Jahren gut eingewachsen, ist er von einem natürlichen Gewässer nicht mehr zu unterscheiden

Ein Fertigteich wird eingebaut

Der Fachhandel bietet heute eine Vielzahl so genannter Fertigteiche an – Kunststoffbecken, die man einfach nur in eine vorbereitete Mulde einsetzen und mit Sand einschlämmen muss. Werden sie mit Steinen und Pflanzen ausgekleidet, erhalten sie ein verblüffend natürliches Aussehen

Den richtigen Fertigteich auswählen

Der einfachste Weg zum eigenen Fertigteich ist der Einbau eines vorgefertigten Teichbeckens aus Kunststoff. Während die kleineren und mittleren Becken aus Polyäthylen gefertigt werden, bestehen die größeren Fertigteiche meist aus glasfaserverstärktem Kunststoff. Die eingesetzten Materialien zeichnen sich durch eine hohe Wetterbeständigkeit aus. Sie sind unverrottbar, frostfest und halten auch intensiver UV-Bestrahlung stand. Auch intensive Drücke von außen, beispielsweise durch Wurzel-

Einbauschritte

Der Platz für den Fertigteich muss sorgfältig ausgewählt werden. Bei kleineren Teichen ist es wichtig, dass sie nicht zu stark der Sonne ausgesetzt sind

Bereiten Sie einige angespitzte Holzlatten vor, die Sie als Pflöcke verwenden, um die Umrisse des Kunststoffbeckens auf dem Boden zu markieren

Anschließend gräbt man eine Mulde aus, die exakt den Konturen des Beckens entspricht. Allerdings sollten Sie rundherum etwa 10 cm hinzugeben

Ist der Fertigteich richtig in der Grube positioniert, kann das Becken mit Sand oder Kies eingeschlämmt werden. Hierbei dürfen keine Hohlräume verbleiben

Damit das Becken sich während des Einschlämmens nicht wieder verschiebt, wird es stufenweise mit Wasser befüllt. So erhält es das nötige Gewicht

Wenn man den Randbereich des Teiches mit Kies, Steinen und Pflanzen ausgestaltet, ist von der Kunststoffumrandung bald nichts mehr zu erkennen

werke, führen nicht zu Rissen oder Brüchen. In der Regel erhalten Sie auf die Produkte von Markenherstellern eine Vollgarantie von 15 Jahren.

Fertigteiche sind meist mit einem so genannten Sumpfrand ausgestattet, das heißt, sie sind mit einer flacheren Zone im Randbereich versehen. Diese Gestaltung ist natürlichen Kleingewässern nachempfunden und bietet – wenn man sie entsprechend bepflanzt – ins Wasser gestürzten Kleintieren die Möglichkeit, sich wieder zu befreien. Auch profilierte und mit Schuppen, Wellen oder Vorsprüngen versehene Oberflächen moderner Fertigteiche sind Becken mit glatten Wänden vorzuziehen, da sie Tieren Halt geben. Für so manchen Igel ist ein Gartenteich mit steilen und glatten Wänden schon zur tödlichen Falle geworden. In Vertiefungen der Oberfläche können sich Pflanzenreste und Schwebstoffe ablagern, die auf diese Weise von Mikroorganismen mineralisiert werden können, und nicht am Beckenboden verfaulen.

Aushub und Einsetzen der Fertigteich-Mulde

Haben Sie sich für ein Teichbecken entschieden, muss seine Position auf dem Grundstück genau festgelegt werden. Dazu stellen Sie das Becken an dem gewählten Ort in der entsprechenden Ausrichtung auf. Die Umrisse markieren Sie nun mithilfe von Holzpflöcken auf dem Untergrund. Zu diesem Zweck eignen sich gut passend abgelängte Dachlatten, die an einer Seite angespitzt werden.

Haben Sie auf diese Weise die Umrandung markiert, entfernen Sie das Becken wieder und beginnen mit dem Aushub der Teichmulde. Beachten Sie dabei genauestens die Abstufungen des Beckens. Da der Fertigteich später in einem Sandbett stehen und auch seitlich mit Sand eingeschlämmt werden soll, müssen Sie rundum etwa 10 cm Spiel einplanen und die Grube entsprechend größer anfertigen.

Ist das Grundstück Teil eines Neubaugebiets, kommt es oft vor, dass der Boden sich noch nicht ausreichend gesetzt hat. Der Aushub einer Teichmulde kann in diesem Fall etwas problematisch werden, weil die Böschung zu leicht wegbricht. Die Grube muss dann noch größer als üblich ausgehoben werden. Bevor Sie das Sandbett anlegen, sollten Sie den Boden mit einem Stampfer oder einer kleinen Rüttelplatte verdichten. So beugen Sie späteren Absenkungen des Beckens vor.

Für die Sandschicht unter dem Teich verwenden Sie am besten groben Estrich- bzw. Pflastersand. Verdichten Sie die Sandschicht sorgfältig und ziehen Sie sie exakt so ab, dass das aufgesetzte Becken oben bündig mit der Geländekante abschließt. Zum Einsetzen des Beckens brauchen Sie – je nach Größe – einen oder zwei Helfer. So gelingt die waagerechte Ausrichtung am besten. Eine Wasserwaage ist bei dieser Arbeit unverzichtbar.

Befindet sich der Fertigteich in der richtigen Position, können Sie ihn zu einem Viertel mit Wasser befüllen. Anschließend füllen Sie die seitlichen Hohlräume um das Becken herum bis zur Wasserspiegelhöhe mit Sand oder Kies auf. Schlämmen Sie die Masse sorgfältig ein, sodass keine Lücken verbleiben, die später die Stabilität des Teichs beeinträchtigen könnten. Zwischendurch sollte immer wieder die Wasserwaage zur Kontrolle aufgelegt werden. Eventuelle Verschiebungen des Beckens lassen sich jetzt immer noch gut korrigieren.

Arbeiten Sie sich nun schrittweise von unten nach oben, indem Sie immer wieder Wasser nachfüllen und den Teich von außen auf gleicher Höhe einschlämmen. Auch mit der Bepflanzung können Sie in diesem Stadium schon beginnen. Der schwarze Randwulst des Beckens wirkt meistens etwas unschön und sollte aus diesem Grund mit Kies oder Bruchsteinen bedeckt werden. Auf diese Weise erhält der Randbereich eine natürliche Wirkung.

Großer Fertigteich mit Bruchstein-Einfassung

Wenn es die Größe des Gartengrundstücks erlaubt, sollte man sich ruhig auch für ein größeres Teichbecken entscheiden. Mit dem Fassungsvermögen des Beckens steigen auch die Möglichkeiten der Bepflanzung und Fischhaltung. Je größer ein Gewässer ist, umso stabiler ist meist das darin enthaltene Ökosystem aus Pflanzen und Tieren.

Der Aushub der Mulde erfolgt genauso wie bei kleineren Teichen. Ab einer bestimmten Teichgröße gilt es allerdings zu überlegen, ob man eventuell einen Mini-Bagger einsetzen will. Einen solchen Bagger können Sie bei vielen Baustoffhändlern gegen eine Mietgebühr ausleihen. Der Bagger arbeitet zwar nicht so exakt, wenn

Der Aushub

1 Die Umrisse des Teiches wurden bereits markiert. Während des Aushubs lagert man das Becken mit dem Boden nach oben auf untergelegten Pflöcken

2 Zuerst wurde der Rasen ausgestochen. Um anschließend besser arbeiten zu können, gab man rundherum etwa 10 cm zu den Abmessungen hinzu

3 Bei einem großen Teich ist es von Vorteil, wenn man sich beim Aushub möglichst exakt an die Konturen des Beckens hält, um nicht unnötig viel Erde zu bewegen

aber sehr viel Erde bewegt werden muss, spart man durch den Einsatz der Maschine eine Menge Zeit und Kraft.

Auch nach dem Ausheben der Mulde geht man prinzipiell genauso vor wie bei kleineren Teichen. Bei einer Beckenlänge von 430 cm ist das waagerechte Ausrichten aber schwieriger als bei den kleineren Modellen. Achten Sie darauf, dass Sie das Sandbett über die gesamte Länge eben abziehen. Um das Becken anschließend in die Mulde zu setzen, brauchen Sie mindestens drei, besser vier Helfer. Mithilfe von Richtscheiten und der Wasserwaage kontrollieren Sie, ob der Fertigteich waagerecht steht, und korrigieren die Position gegebenenfalls.

Füllen Sie das Becken nun zu einem Drittel mit Wasser. Richtscheite und Wasserwaage bleiben weiterhin im Einsatz, um zu überprüfen, ob der Teich in seiner waagerechten Stellung bleibt. Schlämmen Sie nun nach und nach die Hohlräume rund um das Becken ein, während Sie es stufenweise immer mehr mit Wasser befüllen.

Ist die Unterfütterung des Beckenrandes mit Erdreich abgeschlossen, geht es daran, die Uferzone zu gestalten. Hierfür eignen sich Kies und Steine, eine üppige Bepflanzung rundet das Ganze ab. Im gezeigten Beispiel wurden glatte Bruchsteine ausgewählt, die dem Teich eine gleichmäßige Umrahmung geben. Dann legte man kleinere Steine in den Pflanzenrand und füllte die Zwischenräume mit Kies aus.

Eine ebenfalls aus Bruchsteinen angefertigte Aufschüttung wurde an der Rückseite des Teiches aufgebaut. Danach erfolgte die Bepflanzung. Die Bilder zeigen, dass der Teich nicht nur im Sommer, sondern zu jeder Jahreszeit einen attraktiven Akzent im Garten setzt.

Einbauschritte

1

Nach dem Aushub das Becken probeweise einsetzen. Passt es, wird es wieder entfernt, um am Boden die 10 cm dicke Sandschicht aufzubringen

2

Dann setzt man das Becken auf die Sandschicht und bringt es in seine Endposition. Beim Ausrichten helfen ein Richtscheit und eine Wasserwaage

Elektroanschlüsse

A

B

C

Überlegen Sie am besten schon frühzeitig, ob Sie an Ihrem Teich Technik einsetzen möchten, die einen Anschluss ans Stromnetz erfordert. Dann können Sie bereits während des Aushubs auch ein Erdkabel verlegen. Die Pumpe für den hier gezeigten Quellstein (A) wird über ein solches Kabel mit Strom versorgt. Eine Steckdosenleiste für den Außenbereich verschwindet unter Bruchsteinen (B), (C).

Steinumrandung

Die Umrandung aus großen Bruchsteinen soll später eine begehbare Fläche rund um den Gartenteich bilden

Auch die Flachwasserzone des Teichbeckens wird rundum mit Bruchsteinen ausgekleidet, um den Kunststoff zu verdecken

An der Rückseite des Teiches wird ein durch Steine gestütztes Hochbeet angelegt, das sich den Teichkonturen anpasst

Da die Bruchsteine im Flachwasserbereich sehr groß sind, entstehen viele Lücken. Sie werden mit Kies ausgefüllt

Teich und Beet werden nun bepflanzt. Damit es auch rund um den Teich grün wird, sät man Rasen aus

Schon nach kurzer Zeit haben sich Pflanzen im und um den Teich herum gut entwickelt. Aber nicht nur im Sommer ist der naturnahe Gartenteich eine Augenweide. Er hat, wie die Bilder zeigen, auch im Herbst und Winter seinen Reiz

Einbauschritte

Das Becken soll in eine Mulde gesetzt werden, die direkt an die gepflasterte Terrasse anschließt. Die 10 cm dicke Sandschicht ist bereits aufgebracht

Mit Richtscheit und Wasserwaage wird das Teichbecken nun ausgerichtet. Danach wird es eingeschlämmt und parallel stufenweise mit Wasser befüllt

Links liegt die Terrasse, deren Niveau der Wasseroberfläche entspricht, rechts überbrückt eine Stützwand den Höhenunterschied zum Gartenbereich

Terrasse mit Blick auf den Fertigteich

Da ein Gartenteich stets ein besonderer Blickfang ist, sollte er so positioniert sein, dass man ihn von den Sitzplätzen aus auch gut sehen kann. Ideal ist es, wenn man den Teich direkt an die Terrasse anschließen lassen kann. Im hier gezeigten Fall hat der Bauherr den Fertigteich schon frühzeitig in die Planung des Gartengrundstücks mit aufgenommen. Die Terrasse wurde L-förmig angelegt, das Gelände dahinter liegt 50 cm tiefer. Die so entstandene Terrassenaussparung wurde für die Anlegung des Fertigteichs genutzt. Eine Betonmauer bildet hier den äußeren Abschluss des Rechtecks.

Obwohl das Teichbecken mit 430 cm Länge ein sehr großes Modell ist, waren aufgrund der Geländeabsenkung kaum Aushebe-Arbeiten nötig. Wie bei Teichen im ebenen Gelände wurde auch hier ein Sandbett angelegt, in dem man das Becken anschließend ausrichtete. Die seitlichen Hohlräume wurden dann bis zum oberen Rand mit Aushub gefüllt.

Sommers wie winters ist der Teich an der Terrasse ein Blickfang und ist darüber hinaus noch ein Anziehungspunkt für Libellen, Vögel und den einen oder anderen Frosch

Folienteiche bieten gestalterische Freiheit

Ein Vorteil des Folienteiches ist, dass es keine Einschränkungen bezüglich Form und Größe gibt. Frei nach dem Motto „Alles ist möglich" passt sich der Teich individuellen Wünschen und Gegebenheiten an

Folienkauf erst nach genauer Vermessung

Bei der Anlage eines Folienteiches empfiehlt es sich, die Folie erst dann einzukaufen, wenn die Grube bereits ausgehoben ist. Mithilfe von Schnüren, die Sie längs und quer in die Mulde hineinlegen, lässt sich feststellen, wie lang und breit die Folienabdeckung sein muss. Rechnen Sie sowohl in der Länge als auch in der Breite noch zweimal 50 cm Überstand für die Ränder hinzu, dann haben Sie die exakten Maße Ihres individuellen Folienteichs mit ausreichender Randzugabe.

Arbeitsschritte

Neben der Gartenlaube soll ein kleiner Teich entstehen. Mit einer Harke wird die bereits ausgehobene Mulde geebnet und von Steinen und Wurzeln befreit

Damit die Folie nachher gut abgepolstert ist, erhält die Grube ein Sandbett. Ebenso gut eignet sich für diesen Zweck Teichvlies aus dem Gartenfachhandel

Dann breitet man die Teichfolie aus. Bei einem kleinen Teich kann man diese Arbeit noch allein bewältigen, besser geht es aber mit einem Helfer

Wenn Sie die Folie bereits vor dem Grubenaushub kaufen wollen oder müssen, richten Sie sich nach der folgenden Berechnungsformel: Teichlänge/Teichbreite + zweimal geplante Teichtiefe + zweimal 50 cm für den Rand = Folienlänge/Folienbreite.

Ein kleines Beispiel: Planen Sie einen Teich von 4 m Länge, 3 m Breite und 80 cm Tiefe, so brauchen Sie eine Folie von etwa 6,6 m x 5,6 m.

Teichfolien werden von den führenden Herstellern in den Breiten 2, 4, 6 und 8 m als Rollenware angeboten. Wenn Sie Ihren Teich planen, sollten Sie

Ist das Wasser eingelassen, geht es an die Randgestaltung. Damit von der Folie später möglichst wenig sichtbar ist, werden die Ränder eingegraben

Oben: So sieht der Folienteich nach der Bepflanzung aus. Der Rand wurde mit Kieselsteinen bedeckt. Die Wasserpflanzen hat man in Kunststoffgefäße gesetzt

Links: Über ein Fallrohr wird Regenwasser vom Dach der Gartenlaube direkt in den Teich geleitet. Damit er bei starken Regenfällen nicht zu voll wird, wurde an der gegenüberliegenden Seite ein Überlauf angebracht

diese Maße im Hinterkopf haben, damit nachher nicht unnötiger Verschnitt anfällt. Reicht die übliche Maximalbreite von 8 m für Ihr Teichprojekt nicht aus, fragen Sie Ihren Händler, ob er auch speziell angefertigte Sondermaße liefert.

Wie bei der Anlage eines Fertigteichs wird auch beim Folienteich zuerst der Umriss abgesteckt. Dann können Sie mit dem Ausheben beginnen. Erfolgt der Aushub auf einem Rasenstück, so legen Sie die Grassoden vorsichtig zur Seite. Einen Teil davon können Sie später noch verwenden, um den Teichrand abzudecken. Der anfallende Aushub lässt sich eventuell noch für die Anlage eines Hügels oder Hochbeetes verwenden.

Jeder Teich sollte an seiner tiefsten Stelle mindestens 60, besser aber 80 cm Wassertiefe haben. Heben Sie die Mulde also auch bei einem Folienteich entsprechend tief aus. Da sich auch beim Folienteich ein Sandbett empfiehlt, geben Sie bei der Aushebung noch etwa 10 cm zu. Weitere

Folie verschweißen

Für die Anlegung eines größeren Teichs müssen oft zwei Folien miteinander verschweißt werden, um das gewünschte Maß zu erhalten. Die Folienhersteller haben hierfür geeignete Kaltschweißmittel im Programm. Legen Sie die beiden Folienteile auf eine glatte Unterlage und pinseln Sie die Nahtstelle sorgfältig ein. Legen Sie allerdings Wert auf einen Garantieanspruch, sollten Sie lieber eine Sondergröße beim Hersteller bestellen.

zusätzliche 5-10 cm sollten Sie für den Bodengrund einplanen, der keinesfalls unbedeckt bleiben sollte. Hierfür eignet sich am besten gewaschener Kies. Verwenden Sie aber auf keinen Fall nährstoffreichen Mutterboden, da dieser sich negativ auf das ökologische Gleichgewicht des Teichs auswirken würde.

Auch bei Folienteichen muss unbedingt eine Sumpf- und Flachwasserzone angelegt werden, die ins Wasser gefallenen Kleintieren die Möglichkeit gibt, sich wieder zu befreien. Aber auch für Vögel sind Flachwasserbereiche immer ein willkommener Platz zum Baden und Trinken. Die Sumpf- und Flachwasserzone sollte 20-50 cm breit sein und mindestens ein Viertel der gesamten Teichfläche ausmachen (siehe Zeichnung Seite 95).

Überprüfen Sie die Ebenmäßigkeit der Ränder

Überprüfen Sie nach dem Abschluss der groben Erdarbeiten unbedingt, ob der Teichrand an allen Stellen auf der gleichen Höhe liegt. Meist können Sie hier wie bei den Fertigteichen mit Richtscheiten und Wasserwaage arbeiten. Ist der Teich dafür jedoch zu groß, müssen Sie eine Schlauchwaage zu Hilfe nehmen.

Beim Anlegen eines Folienteiches ist es besonders wichtig, dass das vorbereitete Profil sorgfältig von Steinen, Wurzeln und anderen spitzen Gegenständen befreit wird. Zwar sind die modernen Folien extrem reißfest, aber man sollte die Leistungsfähigkeit des Materials nicht unnötig herausfordern. Als Alternative zum bereits erwähnten Sandbett können Sie auch ein für Folienteiche geeignetes Polstervlies als Unterlage auflegen.

Beachten Sie, das die Folie umso weicher und geschmeidiger wird, je wärmer es ist. Man sollte eine Teichfolie aus diesem Grund unbedingt an einem sonnigen Tag bei mindestens 15 °C verlegen. Die Folie passt sich bei Sonnenwetter optimal der vorbereiteten Teichmulde an. Breiten Sie die

Steinumrandung

Bei kleinen und sehr tiefen Teichen ist die Auskleidung mit Folie nicht ganz leicht. Große Bruchsteine helfen, die Folie oberhalb der Böschungen zu fixieren

Erst wenn das Wasser eingelassen wird, passt sich die Teichfolie der tiefen Mulde mit den steilen Böschungen genau an. Die Steine stabilisieren den Rand

Ist der Teich zu einem großen Teil befüllt, kann man den Rand mit weiteren Bruchsteinen auskleiden, um die überstehende Folie zu verdecken

Der Teich kann nun weiter mit Wasser befüllt werden, bis der Wasserstand auf Höhe des angelegten Steinkranzes liegt

Jetzt, da die Folie nicht mehr nachrutscht, können die überstehenden Ränder mit einer Schere abgetrennt werden

Gewaschener Kies füllt die Hohlräume zwischen den großen Steinen und wird später den gesamten Teich umrahmen

Der Rand wird solange weiter mit Steinen und Kies bedeckt, bis die Folie vollkommen unter der Schicht verschwindet

Der Teich ist nun komplett mit Wasser befüllt. Es kann mit der Bepflanzung begonnen werden. Tiefwasserpflanzen, wie Seerosen, versenkt man mitsamt der Pflanzkübel

Folie gleichmäßig über der Mulde aus. Sobald Sie den Grund mit Kies bedeckt und ein wenig Wasser eingelassen haben, drückt sie sich von selbst fest an den Untergrund.

Während das Wasser langsam steigt, können Sie die Böschungen mit Kokos- oder Kunststoffmatten belegen, auf denen verschiedene Pflanzen Halt finden. Legen Sie jeweils passend zur Wassertiefe entsprechende Pflanzzonen an. Ist die Teichmulde komplett mit Wasser gefüllt, sollten Sie die überstehende Folie in den Randbereichen noch nicht sofort abschneiden. Eventuell setzt sich der Untergrund noch ein wenig, und die Folie rutscht leicht nach. Sind ein paar Tage vergangen, können Sie die Überstände jedoch unbesorgt entfernen. Die Randgestaltung bildet den Abschluss.

Sobald ein wenig Grün den Teichrand ziert, wird er zum Schmuckstück des Gartens. Ein angegliedertes Hochbeet rundet hier das Bild ab

Bachläufe und Wasserfälle anlegen

Einen ganz besonderen Reiz für den Betrachter hat Wasser, das in Bewegung ist. Ein künstlicher Bachlauf lässt sich aus Fertigteilen konstruieren

Aus Folie oder Fertigteilen schnell gebaut

Besonders schön wirkt ein Gartenteich, wenn man ihn mit einem angelegten Bachlauf kombiniert. Der durch Pumpentechnik betriebene Wasserkreislauf vermittelt dem Betrachter den Eindruck, als würde stets frisches Quellwasser in den Teich hineinfließen. So ein kleiner künstlicher Wasserfall ist jedoch nicht nur ein Blickfang, sondern er sorgt auch dafür, dass das Wasser durch den Luftkontakt mit Sauerstoff angereichert wird.

Für die Anlage eines künstlichen Bachlaufs können Sie normale Teichfolie verwenden. Länge und Gefälle können Sie damit ganz individuell gestalten.

Wer nicht zu viel Zeit und Arbeit investieren will, greift am besten zu Bachlauf-Elementen aus Kunststoff. Die vom Handel angebotenen Schalen lassen sich stufenweise aneinander setzen. Den unteren Schlusspunkt bildet ein kleiner Wasserfall. Unsere Bilder zeigen Ihnen verschiedene Varianten.

Gartenteich und Bachlauf aus Fertigteilen: Über zwei Bach-Elemente wird bei dieser Anordnung das Wasser in einen tiefer liegenden Fertigteich geleitet. Wenn man den künstlichen Bach als Folienrinne anlegt, empfiehlt es sich, die Folie mit Steinen zu kaschieren und den Auslauf über flache Steinplatten zu leiten

Ein Bachlauf aus Teichfolie

Im hier vorgestellten Beispiel sollte ein Bachlauf entstehen, der eine Verbindung zwischen dem höher gelegenen Quellteich und dem unteren Hauptteich darstellt. Bei der Hanglage des Hauses bot sich die Anlage eines Bachlaufs geradezu an.

Der Bachlauf wurde aus mehreren überlappend verlegten Folienstücken geformt. An den Verbindungsstellen wurden die Teile miteinander verschweißt. Das Becken des Quellteiches musste an der Anschlussstelle für den Bachlauf ein wenig abgesenkt werden,

Eine Alternative zum Wasserfall aus Steinen stellt diese Auslaufrinne aus Edelstahl dar. Das Ende der auf dem Blech liegenden Folie wird dann mit Kieseln bedeckt

Bau des Bachbettes

Das erste Folienstück des Bachlaufs wird unter die Folie des oberen Quellteiches geschoben. Die Teichfolie muss die untere gut überlappen

Zum Bach hin muss man das Ufer des Quellteiches etwas absenken, sodass hier ein Überlauf entsteht. Das Wasser darf aber nicht seitlich abfließen

Schritt für Schritt wird das Bachbett von oben nach unten gegraben und modelliert. Dabei dürfen Mini-Teiche auf verschiedenen Ebenen entstehen

Dann legt man die Folie in das vorbereitete Bachbett ein und fixiert sie mit großen Steinen. Immer wieder lässt man probeweise etwas Wasser laufen

Der weitere Verlauf des Bachbetts muss nun geformt werden. Durch Auswahl geeigneter Steine können auch kleine Wasserfälle konstruiert werden

Hier wird bereits der Anschluss an den Hauptteich vorbereitet. Das letzte Folienstück des Bachlaufes muss die Folie des großen Teiches überlappen

Das letzte Folienstück wird zugeschnitten und eingeschoben. Nach dem Schindel-Prinzip überlappen sich die Teile von oben nach unten

Im Bereich des Einlaufes in den Hauptteich wird die Bachfolie zusätzlich mit der Teichfolie verschweißt. Hierzu wird ein so genanntes Quellmittel benutzt

Der untere Teich kann nun gefüllt werden. Gleichzeitig legt man noch fehlende Steine für die Uferbefestigung aus und füllt die Flächen mit Kies

Anschließend gräbt man den Verbindungsschlauch zwischen der Pumpe im Hauptteich und dem Quellteich ein. Das Wasser probeweise fließen lassen

Aus großen Findlingen lassen sich Kaskaden formen, über die das Wasser später lebhaft plätschert. Hier muss man probieren, bis die Steine passen

Zuletzt füllt man das Bachbett mit feinen Kieselsteinen, kaschiert die Folienränder und bepflanzt den Bachsaum. So entsteht ein natürliches Bild

sodass ein Überlauf entstand. Das erste Folienstück wurde dann unter die Folie des Teiches geschoben.

Beim Anlegen eines Bachlaufs ist darauf zu achten, dass das Wasser nicht seitlich heraus fließen und im Erdreich versickern kann. Ist ein größeres Gefälle zu überwinden, empfiehlt es sich, stufenweise kleine Mulden anzulegen, in denen sich das Wasser sammelt und wieder etwas zur Ruhe kommt. Der Bachlauf wirkt durch solche Unterbrechungen optisch raffinierter und bildet zusätzlich einen Anziehungspunkt für Vögel. Lassen Sie, während Sie den Bachlauf anlegen, immer wieder zwischendurch Wasser hindurchlaufen, um den Fluss zu kontrollieren.

Damit das Bachbett an Stabilität gewinnt, wird es nach Auslage der Folie mit Steinen ausgekleidet. Lassen Sie das Wasser unterdessen schon fließen. Auf diese Weise lassen sich Kaskaden besser gestalten. Die Folienränder verschwinden zum Schluss unter einer Lage aus Kieselsteinen.

Besandete Elemente

Wie die bereits auf Seite 44 gezeigte Steinfolie gibt es mittlerweile auch Bachlauf-Elemente, die mit Sand und feinen Kieseln beschichtet sind und sich so harmonisch einpassen. Man braucht nur noch ein paar große Kiesel für die Randgestaltung.

Bachlauf im Schnitt

Die schematische Darstellung eines künstlichen Bachlaufs. Die Pumpe im unten gelegenen Hauptteich fördert das Wasser in einen höher gelegenen Quellteich

Großzügiger Teich mit Holzumrandung

Bei diesem Teichprojekt wurde die knappe Gartenfläche durch eine gute Planung optimal genutzt. Der große Teich wird von dekorativen Holzdecks umrandet, die mit ihren integrierten Bänken und Pflanzkästen für eine natürliche Atmosphäre sorgen

Terrassengestaltung mit hochgelegtem Teich

Nicht immer muss eine Rasenfläche Zentrum des Gartens sein. Ein großer Teich kann, wenn er sorgfältig angelegt wird, zu einem regelrechten Erlebnisparadies werden. Zu den eingesetzten Fischen gesellen sich nach und nach andere Tiere wie Frösche, Libellen und Vögel, die den Teich als Badestation aufsuchen.

Damit man einen guten Blick auf den Teich und auch unter die Wasseroberfläche hat, wurden die Ränder dieses

Materialliste

Alle Hölzer Kiefer druckimprägniert:

1 Holzterrasse: Unterbau: ca. 40 lfd. m Kanthölzer 90 x 90 mm; Beplankung: 51 Bretter, 27 x 145 mm, 3 m lang

2 Teichumrandung: Einfache Wand (aus 3 Kanthölzern übereinander) 9,9 lfd. m Kanthölzer 90 x 90 mm, Abdeckbrett 27 x 145 mm, 3,1 m lang

3 Erhöhte Sitzbank: ca. 42 lfd. m Kanthölzer 90 x 90 mm; 14,1 lfd. m Abdeckbretter 27 x 145 mm

4 Sitzbank Stirnseite: Unterkonstruktion: ca. 6 lfd. m Kanthölzer 90 x 90 mm; 4 Abdeckbretter 27 x 145 mm, je 2 m lang

5 Sitzbank Ecke: Unterkonstruktion: ca. 3,5 lfd. m Kanthölzer 90 x 90 mm; 4 Abdeckbretter 27 x 145 mm, je 1,25 m lang

6 2 Pflanzkästen: ca. 18,5 lfd. m Kanthölzer 90 x 90 mm

7 Sitzbank zwischen den Pflanzkästen: Unterkonstruktion: ca. 5 lfd. m Kanthölzer 90 x 90 mm; 4 Abdeckbretter 27 x 145 mm, je 1,7 m lang

8 Teichrand Beetseite: ca. 23,5 lfd. m Kanthölzer 90 x 90 mm; Abdeckbrett 27 x 145 mm, 7,8 m lang

9 Teichrand Carportseite: ca. 10 lfd. m Kanthölzer 90 x 90 mm; Abdeckbrett 2,5 m

Die Umrandung der Holzterrasse bietet zahlreiche Sitzmöglichkeiten. Da die Bank an der Hausseite durch zwei große Pflanzkästen unterbrochen wird, hat man überall das Gefühl, mitten im Grünen zu sitzen

hochgelegten Teichs mit Sitzpodesten versehen. Zwischen Haus und Teich liegt eine Holzterrasse, entlang der Hauswand verläuft eine Bankzeile, die durch zwei Pflanzkästen unterbrochen wird. Wie man auf der Zeichnung erkennen kann, läuft die Sitzbank an der Stirnseite im rechten Winkel weiter und geht dann direkt in die Teichumrandung über. An der Seite, die sich im rechten Winkel an das mit Sitzpodesten versehene Stück anschließt, befinden sich drei Pflanzkästen. Die Kästen liegen in unterschiedlicher Höhe und bieten Platz für Obstbäume. Ein mit Holzbohlen belegter Weg führt an den Pflanzbereichen vorbei zum Carport, der den Teich auf der hinteren Seite begrenzt. Die an den hinteren Rand anschließende schräge Seite des Teichs verläuft exakt entlang der Grundstücksgrenze, die außerdem noch durch Sichtschutzelemente markiert wird.

Das Nachbargrundstück liegt etwa 50 cm höher. Deshalb musste auf der Schrägseite keine Holzumrandung gezogen werden, sondern man legte die Teichfolie später einfach über die Erde. Da der Teich an den anderen Seiten über der Geländehöhe liegt, waren kaum Aushubarbeiten nötig. 50 cm Tiefe waren schon allein durch die ebene Fläche des Gartengrundstücks gegeben. Lediglich in der Mitte des Teichs wurde ein Bereich weiter vertieft, so dass man hier 100 cm Wassertiefe erhält. Das bei dieser Arbeit anfallende Erdreich wurde zur Ausbildung der Böschung an der Grundstücksgrenze verwendet.

Bei Wasserhöchststand fasst der Teich 40 Kubikmeter. Diese große Wassermenge wirkt sich positiv auf das biologische Gleichgewicht des Teichs aus, weil er nicht so starken Temperaturschwankungen unterworfen ist, wie ein kleineres Gewässer.

Holzdecks bilden die Terrassenflächen

Bevor man mit dem Ausbau des Teichs beginnen konnte, musste jedoch das Holzdeck an der Hausseite

Terrassenbau

Die Pfostenschuhe werden in Punktfundamente eingelassen, die man im Abstand von 60 cm gießt. Sie dienen als Auflager für die Unterkonstruktion

Die Balken werden in die Pfostenschuhe eingelegt, mit der Wasserwaage ausgerichtet und verschraubt. Metalllaschen verbinden die Längsstöße miteinander

Die Holzdecks wurden mit Brettern der Maße 27 x 145 mm beplankt. Zur Fixierung an den Balken verwendete man Edelstahlschrauben von 5 x 60 mm

Punktfundamente

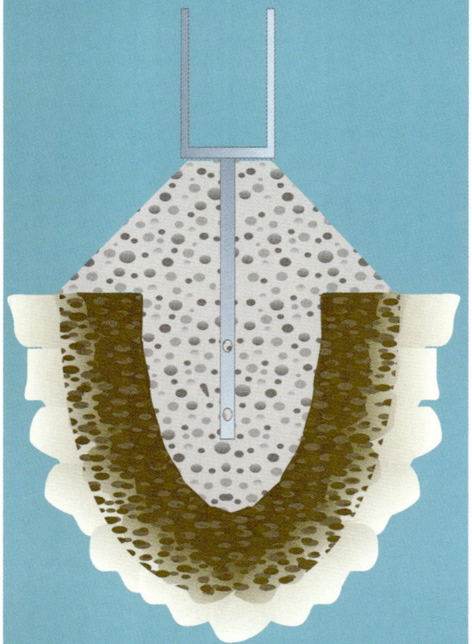

Die im Abstand von 60 cm gesetzten Punktfundamente geben den Pfostenschuhen Halt. Um sie anzulegen, müssen Mulden von etwa 25 cm Tiefe in den festen Boden gegraben werden. Die Mulden füllt man dann mit Beton und formt obenauf einen kleinen Betonhügel. Der Pfostenschuh kann nun in den noch feuchten Beton eingesteckt werden. Wichtig ist, dass man die Schuhe etwas tiefer einsteckt als ausgemessen. So hat man noch Spiel zum Ausrichten der Balken.

Teichumrandung

Hier geht die einfache Teichumrandung in die Sitzbank über. Der Rand ist drei Balkenlagen hoch, die Bank wurde dagegen um eine Lage aufgestockt

Der Schnitt durch die Teichumrandung zeigt, dass die Folie im Bereich der Bank zwischen dritter und vierter Balkenlage eingezogen und fixiert wird

So werden die einzelnen Balken und Bretter der Teichumrandung aufeinander gesetzt. Um die Sitzbretter zu stabilisieren, setzt man alle 60 cm einen kurzen Querriegel ein

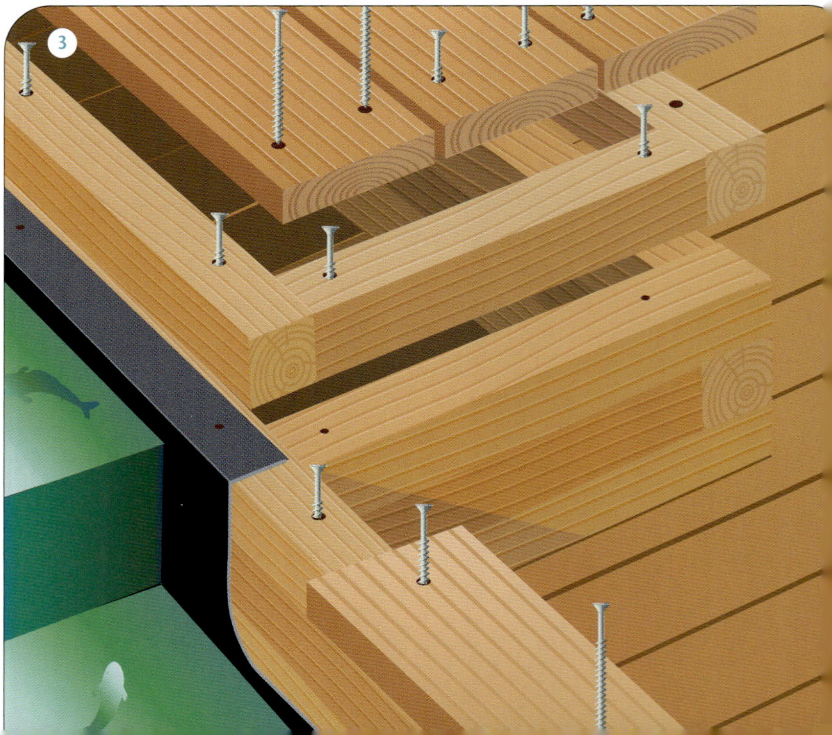

konstruiert werden. Punktfundamente aus Beton mit eingesetzten verzinkten Pfostenschuhen bilden die Basis. Auch hier können, wie bereits an anderer Stelle erwähnt, alternativ Gehwegplatten als Auflager eingesetzt werden. Der direkte Erdkontakt der Lagerbalken muss auf jeden Fall verhindert werden. Auch ist wichtig, dass das Holz nach Regenfällen gut abtrocknen kann.

Sowohl die Unterkonstruktion als auch die Beplankung werden aus kesseldruckimprägnierten Kiefernholz erstellt (vgl. Materialliste auf Seite 66).
Die Teichumrandung erhält eine drei Lagen à 27 cm hohe Verkleidung. Man legt die Balken bündig aufeinander und verbindet sie mit mindestens 140 mm langen Schrauben. Wie Sie bei der Konstruktion genau vorgehen, entnehmen Sie den Fotos und Zeichnungen auf der linken Seite. Die in den Teichrand integrierte Sitzbank wird um eine weitere Balkenlage erhöht. Es handelt sich um eine Kastenkonstruktion, die in der vierten Balkenlage mit Querriegeln versehen ist. Drei Längsbretter bilden die Abdeckung. Die Zeichnung unten zeigt den Aufbau der Pflanzkästen und Bänke.

Nach Abschluss der Holzarbeiten wurde der Teich angelegt. Eine Hohlkehle aus wasserdichtem Beton bildet den unteren Abschluss der Holzumrandung, um so den direkten Erdkontakt zu vermeiden. Auch in den Teichecken, in denen Böschungen angelegt werden sollten, musste man die Holzbalken vor Erdkontakt schützen und deckte sie aus diesem Grund mit Teichfolie ab.

Teichvlies polstert die Folie von unten ab

Nachdem der Teichboden modelliert und geglättet war, deckte man ihn mit einer Lage Teichvlies ab. Es folgte die 1 mm dicke Teichfolie. Bei diesem großen Teichprojekt war es besonders wichtig, die Folie an einem

Sitzbänke

1 *Wer auf der Bank direkt am Teich Platz nimmt, hat einen optimalen Blick auf das Leben im Wasser*

2 *Um mehr Sitzfläche zu schaffen, wurde die Bank vom Teich aus an der anschließenden Hauswand weitergeführt*

3 *Hier schließt sich an der gegenüberliegenden Seite des Teiches ein Pflanzkasten an die Bankkonstruktion an*

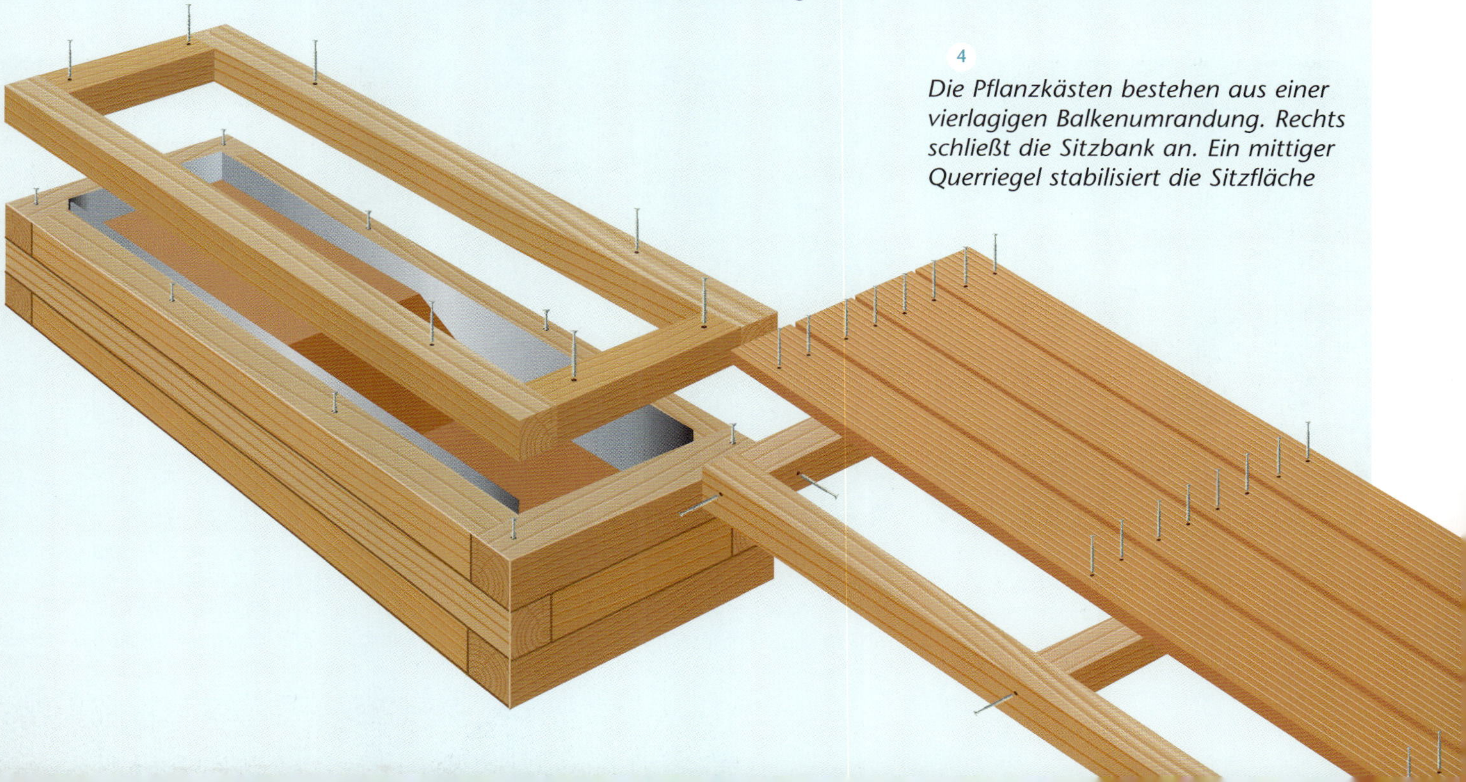

4 *Die Pflanzkästen bestehen aus einer vierlagigen Balkenumrandung. Rechts schließt die Sitzbank an. Ein mittiger Querriegel stabilisiert die Sitzfläche*

Teichbau

Da der Teich über der Geländehöhe liegt, wurde nur wenig gegraben. Mit dem geringen Aushub modellierte man die Böschung zur Grundstücksgrenze

Um das Holz der Teichumrandung vor Erdkontakt zu schützen, legte man in den Bereichen, in denen Erde angeschüttet wurde, zuvor Folie zwischen

Wichtig ist, dass man alle Steine und Wurzeln vom Teichboden entfernt. Anschließend kann das Teichvlies ausgelegt werden, das die Folie abpolstert

Falls vorhanden, können Sie statt Vlies auch Teppichbodenreste zur Polsterung der Folie verwenden. Auch alte Zeitungen erfüllen den gleichen Zweck

Bei größeren Teich-Projekten braucht man stets mehrere Helfer. Vor allem das Ausbreiten der Folie sollte in Gemeinschaftsarbeit erledigt werden

Anschließend wird der Bodengrund aufgebracht. Verwenden Sie hierzu Sand oder Betonkies, den Sie in dünner Lage aufbringen, keinesfalls jedoch Erde

Damit die Pflanzen an den Böschungen später genügend Halt finden, werden diese Bereiche mit so genannten Uferbepflanzungsmatten ausgestattet

Bei der Abdeckung der Folie mit Bodengrund und Matten beginnt man im Tiefwasserbereich und arbeitet sich nach außen zu den flacheren Zonen

Während man mit der Bedeckung der Ränder fortfährt, kann die Tiefwasserzone schon befüllt werden. Für die Seerosen stehen mehrere Kübel bereit

Teichbau-Materialien

Legt man einen Folienteich an, braucht man neben der Teichfolie noch weitere Materialien. Es empfiehlt sich, die vorgefertigte Mulde vor dem Auslegen der Folie mit Vlies (A) auszulegen, das die Folie optimal vor verbliebenen Steinen und Wurzeln schützt. Baumärkte und Gartencenter bieten Vlies als Rollenware, meist in 2 m Breite, an. Sollen Böschungen bepflanzt werden, bietet sich die Verwendung von so genannten Uferbepflanzungsmatten aus Jute oder Kokosfasern (B) an. Das als Rollenware in 1 m Breite angebotene Gewebe gibt den Wasserpflanzen optimalen Halt.

warmen Tag zu verlegen. So war das Material weich und passte sich gut dem Teichprofil an. Man braucht allerdings mehrere Helfer, um die Folie optimal ausbreiten und glattziehen zu können.

Uferbepflanzungsmatten geben Pflanzen Halt

Nach dem Auslegen der Folie füllte man Betonkies und Bodengrund ein. Es empfiehlt sich, die Kiesschicht auf 10 cm Dicke anzulegen. Als Nächstes wurde die Böschung des Tiefwasserbereichs und der abflachende Rand zur Grundstücksgrenze mit Uferbepflanzungsmatten versehen. Unterwasser- und Uferpflanzen finden an diesem Material optimalen Halt. Die Seerosen setzte man in große Mörtelkübel, sodass sie sich nicht ungehindert über die gesamte Teichfläche ausbreiten können.

Dann konnte das Wasser eingelassen werden. Die Folie lag zu diesem Zeitpunkt noch lose über den Rändern, damit sie dem Wasserdruck noch etwas nachgeben konnte. Erst nachdem der Teich bis zum Rand befüllt war, setzte man die Deckbretter auf die Teichumrandung. Überstehende Folie wurde abgetrennt. An den Steilwänden wurden Bruchsteine aufgeschichtet, die neben der dekorativen Optik auch einen guten UV-Schutz für die Folie bilden.

Der Teich ist nun befüllt und bepflanzt. Die Gartenbesitzer erfreuen sich an der kleinen Oase, die sie sich geschaffen haben

Wassergarten mit Holzterrassen

Bei unebenen Gartenflächen bietet sich eine Terrassenkonstruktion mit mehreren Ebenen an. Der Teich wurde hier einfach hochgelegt. Dort, wo das Gelände ansteigt, wurde die Flachwasserzone angelegt. An den anderen Seiten setzte man Steilwände

Hochgelegter Teich mit umgebender Terrasse

Dass ein Teich nicht immer in ebenes Gelände, wie etwa eine Rasenfläche, eingelassen werden muss, zeigt dieses eindrucksvolle Beispiel. Der stattliche Teich von knapp 30 m^2 Fläche ist dreiseitig von verschiedenen Holzdecks umgeben. Auf der vierten Seite bildet eine Rasenfläche den Anschluss an das Gewässer. Bei einem Teich dieser Größenordnung muss man sich kaum Sorgen um ein stabiles ökologisches Gleichgewicht machen – vorausgesetzt natürlich, man wählt die richtigen Pflanzen und Fische aus.

Grundriss

Der Wassergarten in der schematischen Draufsicht: Links befindet sich eine etwa 5 x 5 m große Terrassenfläche, dahinter ein erhöhter Bereich mit Pflanzinseln, an den sich rechts die Pergola mit den Sitzbänken anschließt

Neben dem Wunsch, den Teich möglichst groß anzulegen, stand ebenfalls der Gedanke im Vordergrund, dass man das Leben im Teich gut und bequem beobachten kann. Aus diesem Grund wurde der Teich quadratisch angelegt und erhielt an zwei Seiten 60 cm hohe Stützwände. Die Stützwände wurden oben mit je zwei parallelen Brettern versehen, die als Sitzgelegenheit dienen. Wer sich hier niederlässt, hat die Fische bestens im Blick.

Auf Seite 76 sehen Sie die senkrechte Teichwand im Schnitt. Im Boden einbetonierte Rohre bilden den Kern der Konstruktion, die außen wie innen mit 30 mm dicken Bohlen verkleidet wurde. Dieser stabile Aufbau ist in der Lage, auch dem extremen Wasserdruck standzuhalten, der bei 90 cm Gewässertiefe entsteht. Die Wände müssen aber nicht nur stabil, sondern auch elastisch sein, damit sie im Winter auch den zusätzlichen Druck einer geschlossenen Eisdecke auffangen können.

Flachwasserzonen für Pflanzen und Tiere

Gegenüber den beiden Steilwände wurden Flachwasserbereiche angelegt, was sich anbot, da das Gelände hier ohnehin mehr Höhe hatte. Die flachen Zonen bieten gute Bepflanzungsmöglichkeiten und dienen Vögeln als Trink- und Badeplatz. Auch im Winter sind die Flachwasserzonen von Vorteil: Ist der Teich zugefroren, kann sich der Druck der Eisfläche abbauen, indem sie sich in die flachen Bereiche ausdehnt. Die beiden senkrechten Teichwände werden durch diese Art der Anlage gut entlastet.

Für den Kern der Teichwände verwendete man verzinkte Stahlrohre von 60 mm Durchmesser. Es handelt sich hierbei um die gleichen Rohre, die auch beim Gerüstbau zum Einsatz kommen. In Abständen von 50 cm wurden diese Rohre einbetoniert. Nun mussten nur noch beidseitig 30 mm dicke Gerüstbohlen aufgelegt und miteinander verschraubt werden. Es war darauf zu achten,

Arbeitsschritte

Die zwei senkrechten Wände des Gartenteichs sind bereits errichtet. An den beiden gegenüberliegenden Seiten wird die Flachwasserzone ausgearbeitet

Die Folie legt man am besten an einem warmen und sonnigen Tag aus. Einmal ausgebreitet, wird sie schon nach kurzer Zeit weich und geschmeidig

Der Teichboden wird nun mit Flies ausgelegt. Wo das Vlies an die Wände anschließt, zieht man es über die Hohlkehle, die als Absperrung zum Erdreich dient

Es empfiehlt sich, die vorbereiteten Kübel mit Seerosen schon vor dem Befüllen des Teichs einzusetzen. Den übrigen Bodengrund dann mit Kies bedecken

Im gesamten Flachwasserbereich wurden 10 cm hohe Kiesbeete angelegt. Pflastersteinreihen bilden die Abgrenzumg zur tieferen Zone, damit der Kies nicht abrutscht. Dann kann die Flachwasserzone bepflanzt werden

6

Erst wenn der Teich komplett mit Wasser befüllt ist, wird die Folie an den Steilwandseiten fixiert. Anschließend montiert man darauf die Sitzbretter

7

In den Ecken werden die Deckbretter verzahnt angeordnet. Die Wände des Teichs dienen nun nicht nur als Stützmauer, sondern auch als Sitzfläche

dass man die Schrauben nicht zu nah an die Rohre setzte, weil die Bretter sich dort nicht richtig zusammenziehen konnten.

Auf der Wasserseite liegen die Bohlen auf einer betonierten Hohlkehle auf. So soll vermieden werden, dass Feuchtigkeit in das Holz eindringt. Den oberen Abschluss der Wandverkleidung bildet außen ein 90 mm breiter Bohlenstreifen.

Als Nächstes musste der Teichuntergrund vorbereitet werden. Grobe Unebenheiten, wie Steine und Wurzeln, wurden entfernt und eine Lage aus Vlies auf dem gesamten Boden ausgebreitet. Dann folgte die 1 mm starke Teichfolie, die sich am besten an einem warmen und sonnigen Tag verlegen lässt. Die Folie wurde zunächst über die Ränder der Teichwände gezogen und, nachdem der Teich später mit Wasser gefüllt war, zusammen mit den Sitzauflagen auf die Wände geschraubt.

Die Terrassenanlage aus verschieden großen Holzdecks gestaltet sich großzügig um den quadratischen Teich. Das größte Holzdeck misst 5 x 5 m und bietet Platz für die Gartenmöbel. Das Deck dahinter liegt 60 cm höher und wird durch zwei Pflanzinseln aufgelockert. Die dem Haus gegenüberliegende Terrassenfläche erhielt eine Pergola mit zwei integrierten Sitzbänken. Von hier aus kann man wunderbar den Blick auf die Wasserfläche genießen.

Für die Unterkonstruktion der Terrassendecks wurden kesseldruckimprägnierte Palisanderhölzer von 70 mm Durchmesser und 500 mm Länge verwendet. Sie wurden in den für die Terrasse angeschütteten Füllkies getrieben. Als Nächstes folgten die quer zur Hausfront verlegten Lagerbalken, bestehend aus 70 x 70 mm starken Kanthölzern, die man auf die Palisadenköpfe aufschraubte. Im letzten Schritt wurden die 25 x 145-mm-Bodenbretter mit versetzten Stößen aufgeschraubt. Man befestigte die Bretter in einem Abstand von 5 mm. So können sie sich unter der Einwirkung von Feuchtigkeit noch problemlos ausdehnen. Man sollte übrigens unbedingt Schrauben aus rostfreiem Edelstahl verwenden, damit das Holz später auch keine unschönen Flecken bekommt.

Unter Umständen kann es sinnvoll sein, die Unterkonstruktion ohne direkten Erdkontakt anzubringen, weil sich so

Aufbau im Schnitt

Ein Blick in das Innere der Teichwand: Einbetonierte Rohre bilden den Kern der Konstruktion. So kann die Wand dem Wasserdruck standhalten. Verkleidet wird mit 30 mm dicken massiven Bohlen.

die Lebensdauer des Bodens steigert. Setzen Sie in diesem Fall Gehwegplatten in gleicher Höhe als Unterlage für die Balken ins Sandbett. Streifen aus Bitumenpappe unter den Platten bilden eine zusätzliche Feuchtigkeitssperre.

Die wohl aufwändigste, aber effektivste Möglichkeit, den Kontakt zwischen Holz und Boden zu vermeiden, ist der Einsatz von Metall-Laschen, die man einbetoniert und in die man die Lagerhölzer seitlich verschraubt. Ob mit oder ohne Erdkontakt: Ein Holzdeck ist in der Regel genauso haltbar wie eine geflieste Terrasse, denn auch ein Steinboden ist vor Schäden, etwa durch Frost, nicht hundertprozentig sicher.

Bau der Holzterrasse

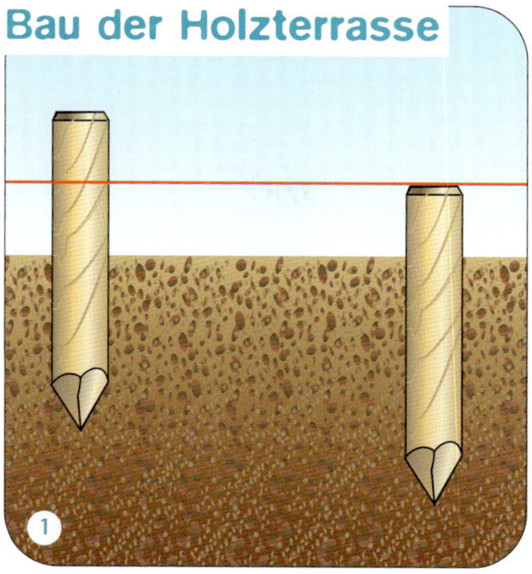

Zuerst treibt man Mini-Palisaden in das Erdreich. Sie bilden den Unterbau der Terrasse. Richten Sie die Höhe der Hölzer an einer gespannten Schnur aus

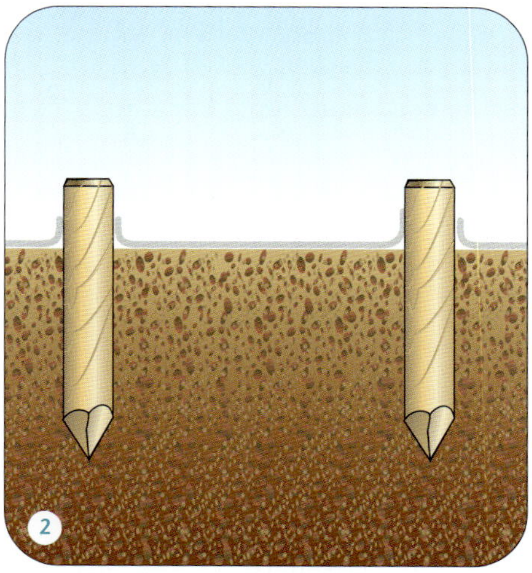

Das Erdreich wird nun mit einer Spezialmatte aus Kunststoff bedeckt. So gelangt Regenwasser in den Boden, Unkrautwuchs wird jedoch verhindert

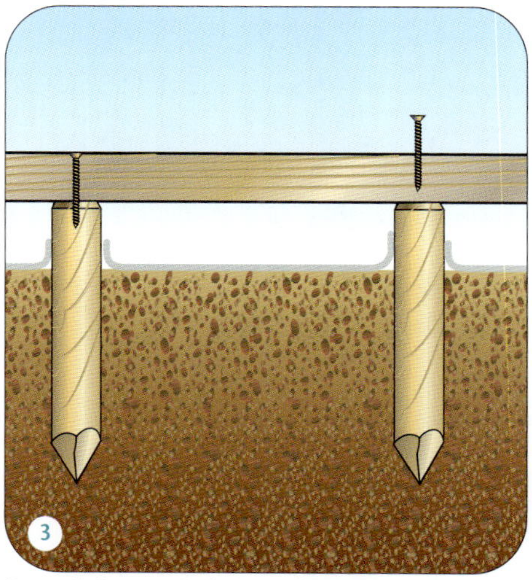

Im nächsten Schritt schraubt man 70 x 70 mm-Kanthölzer auf die Köpfe der Palisadenhölzer. Sie sollen als Lagerbalken für die Terrassenbretter dienen

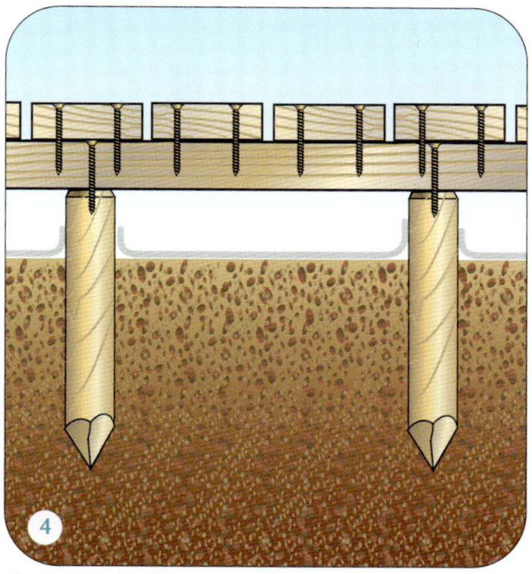

Auf den Balken werden nun die Bretter verschraubt. Abstände von 5 mm lassen Regenwasser gut abfließen und geben den Brettern Dehnungsspielraum

Die Bretter werden im versetzten Verband angebracht, sodass sie möglichst gleichmäßig belastet werden. Man verwendet Schrauben aus Edelstahl

Auch so lässt sich der Unterbau konstruieren: Ausgerichtete Gehwegplatten werden mit einer Schicht Bitumenpappe belegt. So steigt keine Feuchtigkeit hoch

Treppe zum Podest

Wenn Sie einen Wassergarten auf verschiedenen Ebenen anlegen, müssen Treppen gebaut werden, um die Niveauunterschiede zu überwinden. Beim hier gezeigten Beispiel wurden die Stufen wie die Terrassenflächen aus kesseldruck-imprägniertem Holz hergestellt. Auf die Terrassenfläche werden die verschieden tiefen Stufen gesetzt, mit dem Unterbau verschraubt und dann miteinander verbunden.

Erhöhte Sitzbänke mit Pergola

Die hier vorgestellte Pergola mit zwei integrierten Sitzbänken ist eine ganz besondere Ergänzung zu der ohnehin schon sehr attraktiven Holzterrassen-Gestaltung. Von den Bänken aus hat man den Teich bestens im Blick. Zwölf senkrecht aufgestellte Pfosten bilden das Grundgerüst für die raffinierte Konstruktion und sind gleichzeitig die Eckpfeiler der drei Pflanzkästen, die seitlicher Abschluss der Bänke sind. An der Rückseite der Pergola befindet sich ein Hochbeet, das man idealerweise mit rankenden und rasch wachsenden Pflanzen versieht. Im gezeigten Fall entschied man sich für Feuerbohnen, hatte also neben dem ansehnlichen Grün auch noch die Möglichkeit, etwas zu ernten.

Die Sitzbänke sind so angelegt, dass man von hier aus den Teich wunderbar überblicken kann

Auch die Hauskatze hat festgestellt, dass man in dieser von sattem Grün umgebenen Oase die Nachmittagssonne am besten genießen kann

TECHNIK AM

GARTENTEICH

Technikausstattung für den Gartenteich

Beleuchtung am Gartenteich

Für Teiche, die mit Koi-Karpfen besetzt sind, braucht man leistungsfähige Filter, die mit UV-Anlagen zur Bekämpfung von Algenwachstum kombiniert werden

Technikausstattung für den Gartenteich

Naturnähe und Einsatz von Technik scheint auf den ersten Blick ein Widerspruch zu sein. Wohl dosiert kann Teichtechnik jedoch sehr nützlich sein

Technische Unterstützung für die Natur

Einen naturnahen Gartenteich mit Technik auszustatten, scheint auf den ersten Blick ein Widerspruch in sich zu sein. Richtig ist, dass viele technische Ausstattungselemente aus rein optischen Gründen eingesetzt werden, mitunter können sie aber zusätzlich auch sinnvolle Hilfestellungen für die Natur bieten.

Ein Teich sollte natürlich so angelegt werden, dass er auch ohne technische Eingriffe sein ökologisches Gleichgewicht halten kann. Diesem Ziel steht jedoch oft der Wunsch der Teichbesit-

Wasserspiele (großes Bild) und Fontänen (links) beleben jeden Gartenteich und sorgen für eine angenehme Atmosphäre. Passen Sie Größe und Spritzbild jedoch den individuellen Gegebenheiten an

Wer auch Abendstunden am Gartenteich verbringen möchte, sollte auf eine angenehme Beleuchtung achten. Kugelleuchten auf dem Wasser (oben) schaffen stimmungsvolles Licht

Quellsteine (links) sind dekorativ und reichern das Wasser darüber hinaus mit Sauerstoff an

zer entgegen, Zierfische einzusetzen. Goldfische, Goldorfen oder Koi-Karpfen sind in unseren Gewässern nicht heimisch und haben deshalb in einem naturnahen Gartenteich eigentlich nichts zu suchen. Nun könnte man diesbezüglich noch ein Auge zudrücken, da diese Fische sich ja in unserem Klima wohl fühlen. Was jedoch oft zum Problem wird, ist, dass Goldfisch und Co. bei starkem Besatz sehr viel organisches Material produzieren. Der Teich wird auf diese Weise überdüngt, wodurch die Algenbildung begünstigt wird.

Wer das Überdüngungsproblem vermeiden will, kann statt der bekannten Zierfische heimische Kleinfische in seinen Teich einsetzen, die das Wasser wesentlich weniger belasten. Was die Beobachtung der Tiere betrifft, müssen allerdings Abstriche gemacht werden. Moderlieschen und Elritzen sind nicht nur unauffälliger gefärbt, sondern sie halten sich auch vorzugsweise in den tieferen Regionen des Teiches auf. Es ist also mehr als verständlich, dass auch Befürworter des naturnahen Gartenteichs meist nicht auf Zierfische verzichten wollen.

Fällt in einem Teich aufgrund des Fischbesatzes zu viel organisches Material an, so bieten sich zwei technische Möglichkeiten, dem entgegenzuwirken. Bei leichten Verunreinigungen kann man Wasserspiele anbringen, die das Wasser in Bewegung halten und auf diese Weise mit Sauerstoff anreichern. Wird das Wasser jedoch sehr stark überdüngt, kommt man um den Einsatz einer Filteranlage nicht herum. Die moderne Pumpentechnik ermöglicht es, dass man einen solchen Filter auch in ein künstliches Bachlaufsystem integrieren kann, das ein attraktives Zusatzelement zum Gartenteich bilden kann.

Pumpentypen

Der Einphasen-Synchronmotor mit Permanentmagnet-Rotor bietet neben geringen Baumaßen noch den Vorteil einer wasserdicht vergossenen Elektrik

Die richtige Pumpe für Ihren Wassergarten

Man unterscheidet bei den heute gängigen Umwälzpumpen für Springbrunnen, Bachläufe und Teich-Filteranlagen drei Typen von Antriebsmotoren.

Als erstes sind die Einphasen-Synchronmotoren mit Permanentmagnet-Rotor zu nennen. Bei geringen Baumaßen zeichnet sich die Konstruktion dadurch aus, dass sie in einem wasserdicht vergossenen Gehäuse elektrisch geladene Teile unterbringt. Der in das Pumpengehäuse gesteckte und durch Wasser geschmierte magnetische Rotor wird durch die Drehung des Motors in Bewegung gesetzt. Eine mechanische Verbindung existiert nicht. Ein Nachteil dieses Systems besteht darin, dass der Rotor schon nach 15.000 Betriebsstunden so verschlissen ist, dass man ihn austauschen muss. Da die Pumpe jedoch sehr einfach konstruiert ist, kann der Austausch auch von jedem Laien ausgeführt werden. Die Zerlegung der Pumpe zwecks Reinigung ist ebenso problemlos. Der zweite Nachteil des Systems ist entscheidender: Es gibt keine Möglichkeit der elektronischen Regelung.

Wer es komfortabler mag und von seiner Pumpe mehr Leistung fordert, entscheidet sich deshalb lieber für eine

Diese Springbrunnenpumpe besitzt einen Asynchronmotor. An der Oberseite befindet sich ein T-Schwenkgelenk und ein Universal-Schlauchanschluss

Diese Solarpumpe muss an ein passendes Solarmodul angeschlossen werden. Bei intensiver Sonneneinstrahlung liegt die Pumpleistung bei 80 l pro Minute

Hier sehen Sie den Motor in Einzelteile zerlegt. Der Rotor lässt sich bei Bedarf komplett ausbauen. Haften Eisenspäne am Permanentmagneten, so können diese problemlos entfernt werden. Nach einigen Jahren sind die meisten Rotoren verschlissen. Man muss sie dann herausnehmen und austauschen

Die hier gezeigte Teich- und Filterpumpe besitzt einen schwenkbaren Anschluss und filtert bis zu 8 mm große Partikel aus dem Wasser heraus

Pumpe mit Asynchronmotor, die man als Spaltrohr- und Nassläuferpumpen erhält. Der mit Wasser gefüllte Rotorraum ist zum elektrischen Teil hin statisch abgedichtet. Pumpen diesen Typs bringen es auf knapp 30.000 Betriebsstunden und bieten darüber hinaus noch die Möglichkeit der elektronischen Regelung. Modelle mit Infrarot-Fernbedienung lassen sich bequem von der Terrasse aus steuern.

Als drittes sind noch Teichpumpen mit so genannten Spaltpolmotoren zu erwähnen. Dieser Pumpentyp ist sehr preiswert, weist aber mehrere gravierende Nachteile auf. Da die verlängerte Motorwelle hier gleichzeitig die Pumpenwelle ist, gibt es keine sichere Trennung zwischen elektrischem und wasserdurchflutetem Teil. Zwei Dichtungen stellen den einzigen Schutz des Motors vor Wassereintritt dar. Da diese Dichtungen relativ schnell verschleißen, ist die Betriebsstundenzahl gering. Außerdem hemmen die Dichtungen aufgrund von Reibung die Leistungsfähigkeit der Pumpe.

Der Fachhandel bietet neben den oben vorgestellten Pumpen, die alle im 230-Volt-Betrieb laufen, auch Modelle, die mit deutlich weniger Spannung auskommen. Sie erhalten bereits Pumpen mit 12 oder 24 Volt.

Wasser in Bewegung

So schön eine ruhige glatte Teichoberfläche auch anzusehen ist – richtig lebendig wirkt ein Wassergarten erst dann, wenn etwas Bewegung mit ins Spiel kommt.

Im Gartenfachhandel findet man heute eine große Anzahl an zum Teil sehr ausgefallenen Wasserspielen, die sich meist problemlos in jede Wasserlandschaft integrieren lassen. Neben der Optik ist für viele Käufer auch die Akustik eines solchen Wasserspiels von Bedeutung. Die gleichmäßige Fließ- oder Sprudelbewegung hat eine äußerst entspannende Wirkung.

Bild rechts: Quellsteine sind ein Blickfang und reichern das Teichwasser mit Sauerstoff an. Bei warmem Wetter verdunstet jedoch auch viel Wasser

Bild oben: Wasserspiele sorgen für kontinuierliche Sauerstoffanreicherung. Ein regelmäßiger Betrieb kann für den Erhalt der Wasserqualität schon ausreichen

Beim Kauf von Wasserspielen ist zu beachten, dass man für den Betrieb eine passende Pumpe auswählt. Je höher eine Fontäne sprudeln soll, desto leistungsstärker muss auch die Pumpe sein. Ebenso spielt die Größe des Wasserdurchsatzes eine Rolle. Kleine Schaumsprudler oder Wasserglocken lassen sich dagegen schon mit sehr geringem Energieaufwand betreiben. Die Kataloge der einzelnen Hersteller bieten in der Regel eine gute Orientierung, welche Wasserspiele sich mit welchen Pumpen kombinieren lassen oder welche Springhöhe man mit bestimmten Pumpenaggregaten erreicht.

Welche Wasserspiele man für den eigenen Gartenteich auswählt, sollte man in erster Linie von der Größe abhängig machen. Meterhohe Fontänen und aufwändige Spritztechniken eignen sich nur für größere Teiche. Ein kleiner Teich wirkt bei zu viel Sprudeltechnik leicht überfrachtet. Ein einzelner Wasserspeier oder eine Wasserglocke genügen bei kleinen Oberflächen oft schon, um ein stimmungsvolles Gesamtbild zu schaffen.

Oft haben Sie bei Wasserspielen auch die Möglichkeit, durch ein Auswechseln der Fontänenaufsätze verschiedene Sprudelbilder zu erzeugen. Wer Abwechslung mag, ist mit einem solchen System mit Sicherheit gut beraten. Die Höhe der Fontänen lässt sich außerdem auch über die Regulierung der Pumpenleistung verändern.

Sind Sie bei der Abstimmung von Teichgröße und Wasserspiel unsicher, können Sie sich an folgende Faustregel halten: Die maximale Fontänenhöhe sollte den Teichradius nicht überschreiten. Dies ist nicht nur eine optische Richtlinie. Sie sorgt auch dafür, dass bei starkem Wind kein Wasser außerhalb des Teiches zu Boden geht und der Teich dadurch langfristig Wasser verliert. Wenn Sie das Wasserspiel nicht in der Mitte, sondern am Rand des Teiches platzieren wollen, sollten Sie die Fontäne aus diesem Grund noch stärker drosseln.

Die Variantenvielfalt bei den im Handel erhältlichen Wasserspielen ist beeindruckend. Oft lässt sich ein Wasserspiel auch mit unterschiedlichen Düsen ausstatten. Je nach Düsenform bildet das Wasser einen sich nach oben öffnenden Kelch oder eine Kugel. Ist die Leistung der Pumpe verstellbar, können Sie darüber die Spritzhöhe regulieren

Reinigungstechnik

1

Ist der Boden des Teichs mit einer dicken Schlammschicht bedeckt, kann ein Teichsauger helfen. Partikel bis zu 10 mm Größe werden mit ihm entfernt

2

Besonders bei kleinen Teichen ist oft ein Filter notwendig. Die hier gezeigte Filtereinheit ist für den Einsatz innerhalb und außerhalb des Teiches geeignet

3

Manche Teichbecken sind mit einer Filteranlage ausgestattet. Das Wasser läuft in einen Biofilter und kann über einen Bachlauf zurückgeführt werden

Filteranlagen verbessern die Wasserqualität

Gerade bei kleinen Teichen ist es nicht einfach, ein ökologisches Gleichgewicht herzustellen, das dauerhaft erhalten bleibt. Schafft man sich dann noch ein paar Zierfische an, kommt man um die Anschaffung eines Teich-Filters nicht herum. Wenn die Fische viel gefüttert werden, trägt das noch zusätzlich zur Trübung des Wassers bei.

Die einfachsten Filter-Systeme arbeiten rein mechanisch. Sie können beispielsweise an bereits vorhandene Springbrunnenpumpen angeschlossen werden. Eingelegte Schaumteile filtern aus dem hindurchströmenden Wasser Verschmutzungen heraus. Für kleinere Teiche ist eine solche Lösung durchaus empfehlenswert.

Zur Reinigung größerer Teiche sollte man dagegen die wirksameren biologischen Wasserfilter verwenden, die mit einer eigenen Pumpe ausgestattet sind. Es gibt biologische Filter in zwei Ausführungen: entweder als Saugfilter mit einer internen Pumpe für die Positionierung im Teich oder als Druckfilter mit externer Pumpe zur Aufstellung außerhalb des Teiches.

Auch bei den biologischen Filtern findet eine mechanische Reinigung statt, indem das Wasser durch eine Schaummatte geführt wird. Zusätzlich kommt das Wasser im Inneren des biologischen Filters aber noch mit einem speziellen Granulat in Kontakt, das die Trübstoffe auffängt. Bakterien, die sich auf der Oberfläche der Granulatkörner ansiedeln, wandeln das organische in mineralisches Material um, das von den Wasserpflanzen aufgenommen werden kann. Der Filter wirkt also mithilfe der Mikroorganismen unterstützend auf den Stickstoffkreislauf ein. Bei akuter Trübung des Teichwassers sollte ein biologischer Filter ununterbrochen in Betrieb sein, damit die

Filtertypen

1

Bei kleinen Teichen genügt oft der Einsatz eines preiswerten mechanischen Filters. Sie werden an die Springbrunnen- oder Filterpumpe angeschlossen

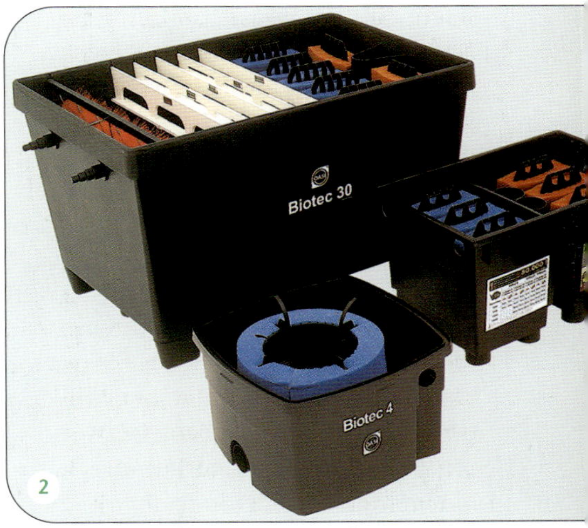

2

Mehrkammerfilter mit integriertem Bodenablauf sind besonders leistungsstark und daher gut für Gartenteiche mit sehr vielen Zierfischen geeignet

Filteranlage

Ein Teichfilter lässt sich auch außerhalb des Teichs in den Boden setzen. Ein Schlauch führt verschmutztes Wasser über die Pumpe in den Filter, ein anderer Schlauch befördert das gereinigte Wasser zurück in den Teich

Bakterien kontinuierlich mit neuem Wasser versorgt werden. Die Leistungsfähigkeit einer Filterlage muss unbedingt auf die Größe des Teiches abgestimmt sein. Der Filter muss in der Lage sein, das gesamte Teichvolumen in einer Zeit von 2 bis 6 Stunden einmal umzuwälzen. Ein Filter für einen 3 x 3-m-Teich sollte daher 2.000 Liter pro Stunde reinigen können. Bei außerhalb des Teiches aufgestellten Filtern optimieren Sie die Filterwirkung übrigens, wenn Sie Pumpe und Druckfilter möglichst weit entfernt voneinander platzieren.

Teichbelüftung

1 *Die einfachste Form der Sauerstoffzufuhr: der Wasserfall vergrößert die Oberfläche des Wassers, was den Sauerstoffgehalt des Teiches erhöht*

2 *Die Aquarien-Membranpumpe platziert man wettergeschützt außerhalb des Teiches. Über einen Schlauch wird kontinuierlich Luft ins Wasser gepumpt*

Mehr Sauerstoff dank Teichbelüftung

Jeder Teich nimmt über die Oberfläche Sauerstoff aus der Umgebungsluft auf. Diesen Sauerstoff brauchen die im Wasser beheimateten Lebewesen. Er unterstützt die Arbeit der Mikroorganismen und somit auch die Selbstreinigungskraft des Wassers.

Bei Teichen, die eine leichte Neigung zur Wassertrübung haben, kann die künstliche Anreicherung des Wassers mit Sauerstoff schon ausreichen, um das natürliche Gleichgewicht zu erhalten. Wasserspiele, die in erster Linie dekorativen Zwecken dienen sollen, haben immer auch den positiven Nebeneffekt, dass das Wasser durch die Bewegung und die durch das Sprudeln bedingte Vergrößerung der Oberfläche mehr Sauerstoff aufnimmt. Wesentlich wirkungsvoller sind jedoch eigens für den Zweck der Sauerstoffzufuhr hergestellte Belüftungsgeräte, die an eine vorhandene und nicht hundertprozentig ausgelastete Teichpumpe angeschlossen werden können. Die über einen Schlauch von der Wasseroberfläche angesaugte Luft wird über Luftzumischdüsen in das Wasser geleitet, wie es die Grafik unten zeigt. Der Teich wird auf diese Weise unter der Wasseroberfläche belüftet, was besonders effektiv ist.

Pumpe mit Luftzumischdüse

Wird die Leistung Ihrer Springbrunnen- oder Filterpumpe nicht vollkommen ausgeschöpft, können Sie zusätzlich eine Luftzumischdüse anschließen, die über einen Schlauch von oben Luft ansaugt und in das Wasser einbläst

Der neue Trend: Solarbetriebene Teichtechnik

Nicht immer ist es notwendig, Teichpumpen an das Stromversorgungsnetz anzuschließen. Einen praktischen Ersatz können hier Solarpanels bieten, die mit passenden Teichpumpen mit Niedervolttechnik kombiniert werden können. Auf diese Weise machen Sie sich die kostenlose Sonnenenergie zunutze.

Praktisch an der Solartechnik ist außerdem, dass die Leistung der Geräte sich naturgemäß immer dann erhöht, wenn auch viel Leistung gebraucht wird, nämlich, wenn es sonnig und warm ist. Im Sommer verbringt man die meiste Zeit im Garten und möchte den Blick auf die Wasserspiele genießen, und auch den Lebewesen im Teich tut die unterstützende Sauerstoffzufuhr und die Umwälzung des Wassers in der warmen Jahreszeit besonders gut.

Stromversorgung für den Garten

Zwar lassen sich viele technische Geräte, die im Garten Verwendung finden, heute mit Solarenergie betreiben, ganz kann man auf den Strom aus dem Versorgungsnetz jedoch nicht verzichten. Da man es im Freien stets mit Feuchtigkeit zu tun hat, ist das Thema Sicherheit bei Elektrizität im Außenbereich besonders wichtig.

Achten Sie beim Kauf der Installationsmaterialien darauf, dass sie ausdrücklich für den Außenbereich bzw. für Feuchträume geeignet sind. Alle verwendeten Kabel müssen als Erdkabel zugelassen sein. Sie können in den Boden eingelassen werden, müssen aber mindestens 60 cm tief liegen. Wer den Netzstrom auch im Freien nutzt, ist mit der Installation eines ohnehin nützlichen Fehlerstrom-Schutzschalters (FI-Schutzschalter) besonders gut beraten.

Der FI-Schalter registriert Fehlerströme jeder Art sofort und schaltet das Netz in Sekundenschnelle ab. Da Fehlerströme von mehr als 30 mA meist auf ein defektes Gerät hinweisen, können durch den Betrieb des FI-Schalters Unfälle mit zum Teil lebensgefährlichen Stromschlägen vermieden werden.

Solaranlagen

1 *Kleine Wasserspiele können auch mit Solaranlagen betrieben werden, wie der hier gezeigte Mini-Wasserfall aus der Ton-Amphore und der Springbrunnen*

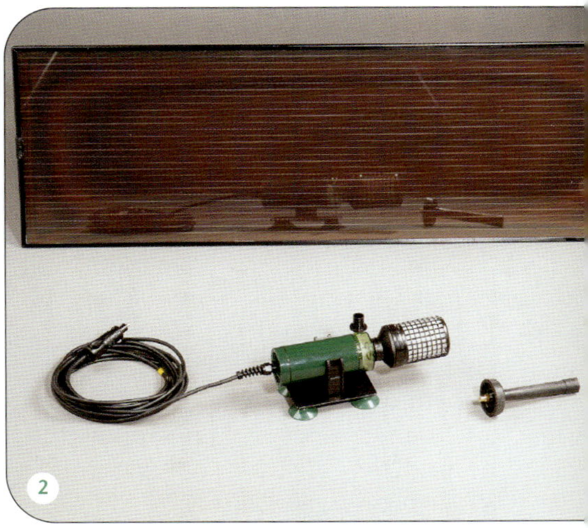

2 *Da Solarzellen nur bei Sonne eine optimale Stromversorgung der Pumpe gewährleisten, kann man zur Überbrückung einen Akku zwischenschalten*

Für die Stromversorung im Garten sollten Sie Erdkabel verlegen lassen, an die feuchtigkeitsgeschützte Steckdosen und Schalter angeschlossen werden

Schutzstecker

Der Clou eines jeden Personenschutzsteckers ist der so genannte Fehlerstromschutzschalter, der auf Fehlerströme direkt reagiert. Gerade im Außenbereich sollten Sie nicht auf Schutzstecker verzichten.

Beleuchtung am Gartenteich

Auch am Abend kann Ihr Wassergarten ein Anziehungspunkt sein – vorausgesetzt, Sie haben an die richtige Beleuchtung gedacht

Licht im und um den Teich

Damit der Bereich um den Gartenteich auch nach Einbruch der Dunkelheit zum Aufenthalt einlädt, muss er ausreichend und stimmungsvoll beleuchtet sein. Der Fachhandel bietet zahlreiche Beleuchtungskonzepte an.

Eine schnelle und einfache Lösung für die Beleuchtung der direkten Teichumgebung sind spritzwassergeschützte Leuchten, die man mithilfe eines Erdspießes befestigt. Eine besonders angenehme Stimmung erzeugt man durch den Einsatz von Unterwasserleuchten. Im Handel erhalten Sie Universalscheinwerfer, die sich sowohl unter Wasser als auch am Ufer betreiben lassen. Wichtig ist, dass man die Leuchten richtig fixiert. Für den Unterwassereinsatz bietet es sich an, sie an Steinplatten festzuschrauben und dann mitsamt den Platten an der gewünschten Position zu versenken.

Die meisten Scheinwerfer lassen sich in der Strahlbreite verstellen. Auch das Einsetzen verschiedener Filterscheiben ist vielfach möglich. Auf diese Weise

Interessante Lichtakzente lassen sich durch schwimmende Wasserkugeln setzen. Man muss jedoch darauf achten, dass man den Teich nicht zu sehr mit Beleuchtungselementen überfrachtet

können Sie unterschiedliche Farben kreativ einsetzen. Scheinwerfer mit 12-Volt-Schutzkleinspannung bieten besonders hohe Sicherheit. Wie bei allen dekorierenden Elementen rund um den Teich gilt auch für das Licht: Weniger ist oft mehr.

Wie man Gartenleuchten für die Teichumgebung fachgerecht installiert und anschließt, zeigen die Fotos rechts. Wenn Sie Elektroinstallationen selbst verlegen, sollten Sie vor Inbetriebnahme einen Fachmann hinzuziehen, der die Anklage durchcheckt.

Gartenleuchten

Zuerst müssen Sie die Kabelgräben ausheben. Damit die Erdkabel nicht beschädigt werden können, werden sie in PVC-Schutzrohre hineingeschoben

Das auch als Panzerrohr bezeichnete Schutzrohr wird dann in den vorbereiteten Graben gelegt. Steine halten das PVC-Rohr in der gewünschten Position

Jetzt kann man die Gartenleuchten aufstellen. Die Wasserwaage hilft beim genauen Ausrichten. Mithilfe von Steinen wird die Leuchte am Sockel fixiert

Man setzt das Lampengehäuse auf, dreht die Glühbirne ein, schiebt die Scheiben in die Halterungen und schraubt zum Schluss die Haube auf

Die Schaltung der Leuchten läuft über einen Bewegungsmelder. Hat man diesen justiert, lässt sich die Einstellung mit einem Schraubenzieher sichern

Unterwasserscheinwerfer

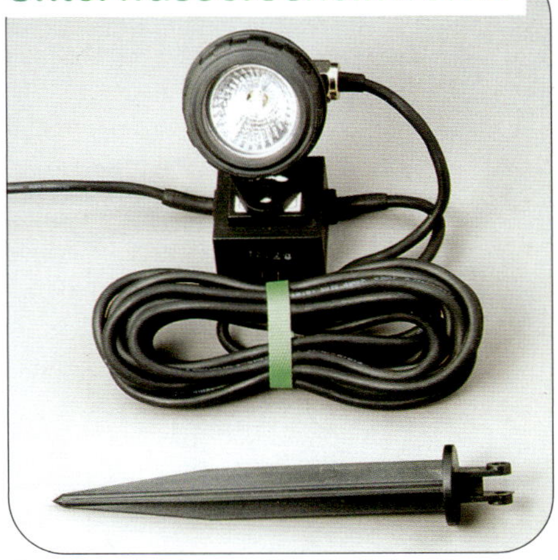

Der Handel bietet für die Beleuchtung von Gartenteichen Universalscheinwerfer an, die man sowohl am Teichrand als auch unter Wasser einsetzen kann

WASSER ALS

LEBENSRAUM

Der Gartenteich wird bepflanzt

Welche Pflanzen für welche Teichzonen?

Ein Lebensraum für Tiere

Die Qualität des Wassers

Den Teich richtig pflegen

Der Gartenteich wird bepflanzt

Bei der Bepflanzung des Gartenteiches ist wichtig, dass man für jede Zone die richtigen Pflanzen auswählt. Das Substrat muss stets nährstoffarm sein

Den Bodengrund für die Bepflanzung vorbereiten

Wie bereits an anderer Stelle erwähnt, zeichnet sich ein gesunder Teich in erster Linie durch nährstoffarmes Wasser aus. Aus diesem Grund muss bei der Bepflanzung des Teiches unbedingt darauf geachtet werden, dass man keine nährstoffreichen Substrate verwendet. Gelangen mit den Substraten zu viele organische Stoffe in das Gewässer, kann das verheerende Folgen haben, die schnell sichtbar werden.

Das zuvor klare Teichwasser verwandelt sich nach und nach in eine grau-grüne,

Wasserzonen

Ein naturnah angelegter Gartenteich besitzt verschiedene Wasserzonen: A kennzeichnet die teils geflutete Sumpfzone, B die ständig feuchte bzw. geflutete Flachwasserzone und C die Tiefwasserzone mit 60-100 cm Tiefe

lichtundurchlässige Brühe. Verantwortlich hierfür sind die Algen, die aufgrund des üppigen Nährstoffangebots unaufhaltsam wachsen. Algengetrübtes Teichwasser sieht nicht nur unschön aus, sondern bewirkt auch, dass die Unterwasserpflanzen weniger Licht bekommen. Sie sterben ab und verwandeln sich in Faulschlamm, der sich auf dem Boden absetzt. Der Sauerstoffgehalt des Wassers sinkt, wodurch Kleinlebewesen absterben, die zuvor für den Abbau organischer Substanzen zuständig waren. Ist dieses Stadium erreicht, ist der Teich nicht mehr zu retten. Er „kippt um" und kann nur noch ausgeräumt und komplett neu angelegt werden.

Wasserpflanzen kommen mit sehr mageren Substraten aus, da sie ihre Nährstoffe vor allem aus dem Wasser ziehen. In der Tiefwasserzone brauchen Sie übrigens kein Substrat einzubringen. Seerosen und Unterwasserpflanzen setzen Sie in Pflanzkörbe, die Sie einfach auf den Becken- oder Foliengrund stellen.

Wollen Sie Zierfische halten, ist es jedoch sinnvoll, den Boden mit einer Schicht aus gewaschenem grobem Kies zu bedecken, was verhindert, dass die Fische ständig den abgelagerten Bodenmulm aufwirbeln. In den Hohlräumen zwischen den Kieselsteinen finden außerdem Kleinlebewesen Unterschlupf. Ein weiterer Pluspunkt einer Kiesschicht ist die Vergrößerung der Bodenoberfläche. Ablagerungen mit organischen Substanzen verteilen sich besser und können so von den Mikroorganismen leichter abgebaut werden. Statt Faulschlamm bildet sich mineralisches Material, das die Wasserpflanzen als Nährstoffe aufnehmen.

Das Pflanzsubstrat richtig vorbereiten

Wer sicher gehen will, dass er mit dem Einsetzen der Pflanzen nicht zu viele Nährstoffe ins Teichwasser mit einbringt, sollte im Fachhandel ein fertig angemischtes Erdsubstrat für Wasserpflanzen kaufen. Wenn Sie das Substrat selbst anmischen wollen, so verwenden Sie Sand und ungedüngten Torf im Verhältnis 1:1. Auch Lehm ist geeignet, lehmhaltige Erde dagegen nicht. Der immer wieder zu hörenden Empfehlung, man könne lehmhaltige Erde aus den untersten Bereichen des Bodenaushubs als Wasserpflanzensubstrat verwenden, sollten Sie nicht trauen. Auch in tieferen Bodenschichten sind meist noch viele Nährstoffe enthalten.

Bringen Sie das Substrat in den zu bepflanzenden Zonen in einer 5-10 cm hohen Schicht auf. Auch die Pflanzkörbe füllen Sie bis zu dieser Höhe mit Substrat. Die Pflanzkörbe bieten neben dem sparsamen Substrateinsatz noch den Vorteil, dass sich die Pflanzen in der Tiefwasserzone nicht ungehindert ausbreiten. Die mit gelochten Wänden versehenen Gefäße werden zunächst mit wasserdurchlässigem Tuch oder Vlies ausgelegt, das Sie im Fachhandel erhalten. Sind die Körbe auf diese Weise ausgekleidet, kann das Substrat nicht ausschwemmen. Befüllen Sie die Körbe dann mit Substrat und setzen Sie die Pflanzen ein. Eine oben aufgelegte Schicht aus Kieselsteinen dient gleichzeitig der Fixierung wie der Beschwerung. Schneiden Sie nun noch das überstehende Pflanzentuch ab. Dann kann man die Körbe ins Wasser setzen.

Pflanzsubstrat

Als Bodengrund sollte man nur gewaschenen Sand oder Kies verwenden. Wichtig ist, dass keine organischen Substanzen in den Teich gelangen

Will man das Substrat für die Wasserpflanzen selbst herstellen, so empfiehlt sich eine nährstoffarme 1:1-Mischung aus ungedüngtem Torf und Sand

Im Garten-Fachhandel erhalten Sie auch fertige Substratmischungen für Wasserpflanzen, die Sie jedoch noch mit Sand oder Kies abmagern können

Im Idealfall erhalten Sie Schilf, Gräser und andere stark wuchernde Teichpflanzen von anderen Gartenbesitzern, die ihren Teich auslichten wollen

Sind die Pflanzen nicht in Töpfen oder Mulden verankert, so müssen sie mit Kies fixiert werden. Nährstoffe gewinnen sie aus dem umgebenden Wasser

Wenn Sie oberhalb des Teiches ein Beet anlegen, so achten Sie darauf, dass bei Regen keine nährstoffreiche Erde in den Teich geschwemmt werden kann

An den Böschungskanten sollten Sie Steinreihen verlegen, damit das Substrat an Ort und Stelle bleibt und nicht in tiefere Zonen abrutscht. An besonders steilen Böschungen empfiehlt sich der Einsatz von Kokos-Böschungsmatten mit integrierten Pflanztaschen. Die Pflanzen werden mitsamt dem Substrat in die vorbereiteten Taschen gesetzt und haben so optimalen Halt.

Pflanzen für den Gartenteich kaufen

Der Fachhandel bietet heute alle heimischen Wasserpflanzen für die private Teichgestaltung an. Wer nur einen kleinen Teich bestücken muss, kommt beim Pflanzenkauf noch mit einem überschaubaren Budget aus. Geht es um ein größeres Teichprojekt, kann die Anschaffung der Pflanzen dagegen leicht sehr kostspielig werden. Als Alternative bietet sich an, mit anderen Teichbesitzern Kontakt aufzunehmen, deren Teich so stark bewachsen ist, dass sie ihn auslichten müssen. Auf diese Weise erhält man oft schön gewachsene Pflanzen zum Nulltarif. Dass Sie keine Pflanzen aus der Natur entnehmen, sollte selbstverständlich sein. Solche Raubzüge sind verboten und können, wenn es sich bei der „Beute" um geschützte Arten handelt, auch zu empfindlichen Strafen führen.

Material zur Teichbepflanzung können Sie auch schon besorgen, wenn der Teich noch nicht angelegt ist. Übergangsweise lassen sich die Pflanzen in wassergefüllten Kübeln aufbewahren. Versuchen Sie, größere Büschel von Pflanzen in möglichst viele einzelne Pflanzen zu zerteilen. Wasserstauden wie Seerosen, Wasserschwertlilien oder Kalmus nehmen es nicht übel, wenn man mithilfe eines Messers aus einer Pflanze mehrere macht. Doch auch Uferpflanzen und Gräser sind nicht sehr empfindlich. Wenn Sie die Einzelpflanzen in regelmäßigen Abständen in die vorbereiteten Pflanzzonen setzen, erhalten Sie meist schon nach kurzer Zeit einen gleichmäßigen und üppigen Bewuchs.

Ist der Teich noch nicht fertig gestellt, lassen sich die Einzelpflanzen gut in mit

Pflanzen einsetzen

Um ein Ausschwemmen des Substrats aus den gelochten Pflanzkörben zu verhindern, schlagen Sie die Gefäße vor dem Einfüllen mit Pflanztuch aus

Hat man den Korb halb mit Substrat befüllt, kann man die Pflanze einsetzen. Den Korb bis zum Rand füllen und überstehendes Tuch abschneiden

Nun kann die Pflanze ins Wasser gesetzt werden. Die Verwendung der Körbe gibt den Pflanzen Halt und verhindert zugleich ein ungehindertes Ausbreiten

Folie ausgeschlagenen Obsthorden aufbewahren. Die bepflanzten Töpfe oder Körbe werden einfach hineingestellt, woraufhin man die Kisten mit Wasser auffüllt. Da sich die geringen Wassermengen in solchen Anzuchtkisten schnell erwärmen, wird das Wachstum zusätzlich begünstigt. Seerosen lassen sich gut in Baueimern ziehen, die man halb mit Substrat befüllt. Den oberen Abschluss des Substrats bildet eine Kiesschicht. Dann den Eimer bis zum Rand mit Wasser füllen. Beginnen Sie mit der Zucht der Seerosen am besten im Frühjahr. Haben die Blätter die Wasseroberfläche erreicht, kann man Sie mitsamt Eimer in den Teich setzen.

Die richtigen Pflanzen für jede Wasserzone

Bei der Platzierung der Wasserpflanzen im Teich ist unbedingt darauf zu achten, dass man die Pflanzen in der richtigen Zone ansiedelt, wo sie die für ihre Art optimalen Wachstumsbedingungen vorfinden. Zu unterscheiden sind die folgenden Bereiche:

- die teilweise geflutete Feuchtzone,
- die stets feuchte bzw. geflutete Sumpf- und Flachwasserzone,
- die Tiefwasserzone.

Pflanzen, die sich in 0-10 cm Wassertiefe wohl fühlen, sind am besten in der Feuchtzone untergebracht, wohingegen man Pflanzen, die mit 0-30 cm Wassertiefe zurechtkommen, vorzugsweise in die Sumpf- und Flachwasserzone setzt. Der Tiefwasserbereich ist Schwimm- und Schwimmblattpflanzen vorbehalten, die eine Wassertiefe von 30-80 cm brauchen, um richtig gedeihen zu können. Die Zeichnung auf S. 95 zeigt einen Teich mit den drei verschiedenen Pflanzzonen im Querschnitt.

Achten Sie bei der Bepflanzung Ihres Gartenteiches darauf, dass Sie für eine große Pflanzenvielfalt sorgen. Je reichhaltiger sich die Flora in und um Ihren Teich gestaltet, umso vielfältiger wird die Lebensgemeinschaft an Tieren sein, die das Gewässer bevölkert.

Im Gartencenter finden Sie eine große Auswahl von Wasserpflanzen für die verschiedensten Pflanzzonen. Beachten Sie die Hinweise auf der Packung hinsichtlich der Pflanztiefe

Sumpfdotterblumen bilden Ableger, die man mit der Schere abtrennen und an anderer Stelle einpflanzen kann

Aus optischen Gründen sollten Sie die verschiedenen Gewächse jedoch nicht bunt durcheinander, sondern in Gruppen anpflanzen. Auf diese Weise entsteht ein harmonischeres Bild, und die Gefahr, dass schnellwüchsige Pflanzen kleinere unterdrücken, ist sehr gering.

Wichtig für die Optik ist auch, dass Sie die Pflanzen vom Beobachtungspunkt so ansiedeln, dass höhere Gewächse im Hintergrund stehen und nicht die Sicht auf kleinere Pflanzen versperren. An der Seite, von der man auf den Teich blickt, sollte die Bepflanzung sich auf niedrige Wasserpflanzen beschränken, die man sparsam einsetzt.

Welche Pflanzen für welche Teichzonen?

Das Angebot an Teichpflanzen ist riesig. Für jede Wasserzone findet man eine beeindruckende Auswahl. Die Pflanzen verschönern den Teich nicht nur, sie helfen auch, die Wasserqualität zu erhalten

Pflanzen für die Feuchtzone des Gartenteichs

Die rosaroten Kerzen des **Blutweiderich** blühen zwischen Juli und September über mehrere Wochen. Die Pflanze ist nicht sehr anspruchsvoll und liebt schattige Bereiche. Wenn man Blutweiderich nicht zurückschneidet, können die Gewächse bis zu 200 cm in die Höhe wachsen und bilden dann sehr imposante Stauden.

Links: Üppig grünender Farn ist ideal für das direkte Umfeld des Teiches

Rechts: Die exotische Lotuspflanze muss während der kalten Jahreszeit ins Gewächshaus

Wunderschöne blaue Farbtupfer am Ufer bildet der Günsel

Oben: Die Krebsschere bildet schwimmende Blattrosetten

Links: Seerosen fühlen sich in der Tiefwasserzone zu Hause

Sumpfdotterblume
Die bekannteste und wohl auch beliebteste Sumpfpflanze ist die Sumpfdotterblume. Sie eignet sich besonders gut für die Uferbepflanzung. Die sattgelben Blütenstände entwickeln sich bereits im Frühjahr.

Sumpfvergissmeinnicht
Wie das Gartenvergissmeinnicht trägt auch das Sumpfvergissmeinnicht himmelblaue Blütenstände, die zwischen Juni und September den Teichrand zieren. Am wohlsten fühlt sich die Pflanze an halbschattigen Orten. Dort vermehrt sie sich meist sehr schnell.

Gilbweiderich
Zur optischen Abrundung der Teichhintergrundbepflanzung oder zur Gestaltung von Bachläufen eignet sich der Gilbweiderich. Er wird 80–100 cm hoch und besitzt gelbe Blütenstände, die sich im Juni und Juli öffnen.

Echtes Mädesüß
Eine Teichpflanze, die sich sowohl für die Alleinstellung als auch als Hintergrundpflanze eignet, ist das Echte Mädesüß. Die weißen Blütenstände der bis zu 150 cm hohen Pflanze sind zwischen Juni und August zu sehen.

Sumpfbaldrian
Besonders für kleine Teiche eignet sich der Sumpfbaldrian, da die Pflanzen nur 10–30 cm hoch werden. Auch die Seitenbereiche von Teichen oder Bachufern lassen sich mit Sumpfbaldrian gut abrunden. Die weiß-rosa Blüten zeigen sich von Mai bis Juli.

Zypersegge
Eine schöne Solitärpflanze ist die auch als Schein-Zypergras bezeichnete Zypersegge. Ihre bräunlichen Blüten öffnen sich zwischen Juni und August. Die bis 80 cm hohe Pflanze verträgt Sonne und Halbschatten.

Die Papyrusstaude (Cyperus papyrus) fühlt sich in der Feuchtzone wohl

Der Blutweiderich mit seinen prächtigen Blüten gedeiht am Ufersaum

Pflanzen für die Feuchtzone

Pflanzenname	Blütezeit	Blütenfarbe	Wuchshöhe	Standort
Bachbunge	V–IX	blau	20–50 cm	Sonne–Halbschatten
Blutweiderich	VII–IX	rosarot	–200 cm	Sonne–Schatten
Felberich	VI–VIII	gelb	60–120 cm	Sonne–Halbschatten
Gauklerblume	VI–VIII	verschieden	20–60 cm	Sonne–Halbschatten
Echtes Mädesüß	VI–VII	cremeweiß	–150 cm	Sonne–Halbschatten
Pfennigkraut	V–VII	gelb	flach wachsend	Sonne–Halbschatten
Schachbrettblume	IV–V	weiß, purpur	20–40 cm	Sonne–Halbschatten
Sumpfbaldrian	V–VII	weiß-rosa	10–30 cm	Sonne
Sumpfweidenröschen	VII–VIII	rosa	10–50 cm	Sonne–Halbschatten
Trollblume	V–VI	gelb, orange	30–50 cm	Sonne–Halbschatten
Wolfsmilch	V–VI	gelb	50–150 cm	Sonne–Halbschatten
Wollgras	IV–V	weiß	–30 cm	Sonne
Zypersegge	VI–VIII	bräunlich	–80 cm	Sonne–Halbschatten

Pflanzen für die Flachwasserzone

Pflanzenname	Blütezeit	Blütenfarbe	Wuchshöhe	Standort
Kalmus	VIII–IX	grün	10–20 cm	Halbschatten–Schatten
Pfeilkraut	VI–VIII	weiß	10–20 cm	Sonne
Schwanenblume	VI–VIII	rosa-rot	10–20 cm	Sonne
Tannenwedel	V–VII	grün	10–30 cm	Sonne–Halbschatten
Teichsimse	VIII–IX	schwarz-braun	10–30 cm	Sonne–Halbschatten
Zebrasimse	VII–VIII	schwarz-braun	10–20 cm	Sonne
Zungenhahnenfuß	VII–VIII	gelb	10–20 cm	Sonne
Hechtkraut	VII–IX	blau	10–20 cm	Sonne–Halbschatten

Die Wasserschwertlilie ist robust und wächst in der Sumpfzone

Das Hechtkraut ist nur in milden Gegenden winterhart

Rohrkolben dehnen sich aus und können andere Pflanzen verdrängen

Pflanzen für die Sumpf- und Flachwasserzone

Das **Pfeilkraut**, das seinen Namen den pfeilspitzenförmigen Blättern verdankt, ist ein ganz typischer Vertreter der Sumpf- und Flachwasserzone. Die Pflanze liebt sonnige Standorte und öffnet ihre weißen Blüten zwischen Juni und August.
Da die Pflanze sehr starkwüchsig ist, empfiehlt sich der Einsatz von Pflanzkörben aus Kunststoff.

Wasserschwertlilie
Die prachtvollen gelben Blüten der Wasserschwertlilie zeigen sich zwischen Mai und Juli. Die schwertförmigen Blätter können 60–100 cm in die Höhe ragen. Auch diese Pflanze sollte man in Körbe setzen, damit sie sich nicht zu stark ausbreitet.

Kalmus
Die Blüten des Kalmus sind eher unscheinbar. Die Pflanze besitzt aber sehr schöne schwertförmige Blätter. Die 50–100 cm hohen Kalmusgewächse eignen sich gut für die Seiten- und Hintergrundgestaltung des Teiches. Die wuchsfreudige Pflanze ist nicht nur als Zierpflanze beliebt. Die aus der Wurzel gewonnenen ätherischen Öle finden Verwendung als Magenmittel.

Rohrkolben
Eine der beliebtesten Teichpflanzen ist der Rohrkolben, der eine Höhe von bis zu 250 cm erreichen kann. Der kleine Rohrkolben misst nur 50–60 cm und eignet sich auch für kleine Teiche.

Schilfrohr
Der Gigant unter den Teichpflanzen ist das Schilfrohr, das bis zu 300 cm groß werden kann. Man sollte es daher nur bei großen Teichen einsetzen. Hier eignet es sich gut als Hintergrundpflanze. Die Art „Striatopticus" ist nicht so starkwüchsig wie andere Schilfrohre und wirkt mit ihren gelb-grün gestreiften Blättern besonders dekorativ.

Tannenwedel
Eine Zierde für jeden Teich ist der Tannenwedel (siehe Bild unten), dessen Triebe ins freie Wasser hineinwachsen und dort 20–40 cm hohe Tannen ausbilden. In Kombination mit der ähnlich wuchkräftigen Wasserminze kommt der Tannenwedel gut zur Geltung.

Der Tannenwedel wächst über und unter der Wasseroberfläche

Pflanzen für die Sumpfzone

Pflanzenname	Blütezeit	Blütenfarbe	Wassertiefe	Standort
Fieberklee	V–VI	weiß	5–10 cm	Sonne
Froschlöffel	VII–IX	weiß/rötlich	5–20 cm	Sonne–Halbschatten
Gelbe Wasserschwertlilie	V–VI	gelb	5–20 cm	Sonne–Halbschatten
Igelkolben	VI–IX	weiß-grünlich	5–20 cm	Sonne
Japan-Iris	VI–VII	blau	+10–5 cm	Sonne
Knabenkraut	V–VII	gefleckt rosa, rot	+10–0 cm	Sonne–Halbschatten
Lugenenzian	VII–IX	tiefblau	+10–0 cm	Sonne
Rohrkolben	IX–XI	schwarz-braun	10–30 cm	Sonne
Scheincalla	V–VII	gelb	0 cm	Halbschatten
Sumpfdotterblume	III–V	gelb	0–10 cm	Sonne–Halbschatten
Sumpfvergissmeinnicht	VI–X	hellblau	+10–10 cm	Sonne–Halbschatten
Wasserdost	VIII–X	purpurrot	+10–0 cm	Sonne
Wollgras	IV–VII	weiß	0–10 cm	Sonne
Zwergbinse	VII–VIII	schwarz-braun	0–15 cm	Sonne–Halbschatten
Zwergrohrkolben	IX–XI	schwarz-braun	10–20 cm	Sonne

Die Sumpfdotterblume beginnt schon im März zu blühen. Sie liebt wechselfeuchte Standorte

„Virginalis" ist die ideale Seerose für kühlere Regionen

Die Sorte „Gloriosa" wartet mit prächtig gefärbten Blütenblättern auf

Pflanzen für den Tiefwasserbereich

Die Königin unter den Wasserpflanzen ist unbestritten die **Seerose**. Breite, erst dunkelrote, dann kräftig grüne Schwimmblätter zieren die Wasseroberfläche und können im Sommer bei wenig schattierten Teichen ein guter Schutz vor zu starker Sonneneinstrahlung sein.

Die Seerose liebt das Sonnenlicht. Soll sie sich gut entwickeln, braucht sie mindestens fünf Stunden Sonneneinstrahlung täglich. Öffnen sich die prächtigen Blüten, schlägt das Herz jedes Teichbesitzers höher. Die Freude daran währt allerdings nur recht kurz, da sie schon nach drei bis fünf Tagen zum Teichgrund absinken.

Der Fachhandel bietet viele verschiedene Seerosenarten an. Sie unterscheiden sich in ihrer Blütezeit, ihrer Blütenfarbe und der Wassertiefe, für die sie geeignet sind. Setzt man eine Seerosenart, die im flacheren Wasser zu Hause ist, in eine 80 cm tiefe Wasserzone, kann sie leicht verkümmern. Zumindest wird sie keine Blüten austreiben. Bei Seerosen, die grundsätzlich für tieferes Wasser geeignet sind, aber noch nicht die nötige Wuchshöhe erreicht haben, empfiehlt es sich, sie in Pflanzkörbe zu setzen. Die Körbe stellen Sie zunächst auf Steine, damit die Blätter nicht zu weit unter der Wasseroberfläche verschwinden. Haben sich die Pflanzen schon etwas entwickelt, kann man die Körbe ein wenig absenken. Mit dem Wachstum der Pflanzen senkt man die Körbe schrittweise ab, bis sie schließlich auf dem Teichgrund stehen.

Zwergseerosen

Sorte	Blütezeit	Blütenfarbe	Wassertiefe	Standort
„Alba“	V–VIII	weiß	10–20 cm	Sonne
„Laydekeri Lilacea“	V–VI	rosa bis lila	20–30 cm	Sonne
„Ellisiana“	V–IX	rosa, später rot	20–40 cm	Sonne

Großblütige Seerosen

Sorte	Blütezeit	Blütenfarbe	Wassertiefe	Standort
„Sioux“	VI–IX	gelb bis kupfer	30–50 cm	Sonne
„James Brydon“	VI–IX	karmesinrot	30–70 cm	Sonne
„Marliacea Rosea“	VI–IX	weiß	40–80 cm	Sonne
„Odorata Sulphurea“	VI–IX	gelb	50–100 cm	Sonne
„Marliacea Chromatella“	VI–IX	gelb	60–100 cm	Sonne

Unterwasserpflanzen

Pflanzenname	Blütezeit	Blütenfarbe	Wassertiefe	Standort
Hornkraut	VI–VIII	grün	50–120 cm	Sonne–Halbschatten
Schwimm. Laichkraut	V–VIII	grün	60–100 cm	Sonne
Tausendblatt	VI–VIII	rosa	10–120 cm	Sonne
Wasserhahnenfuß	VII–VIII	weiß	10–40 cm	Sonne

Schwimmblattpflanzen

Pflanzenname	Blütezeit	Blütenfarbe	Wassertiefe	Standort
Froschbiss	VI–VIII	weiß	20–50 cm	Sonne
Kleine Wasserlinse	–	–	0–100 cm	Sonne–Halbschatten
Wasseraloe	V–IX	weiß	40–80 cm	Sonne
Wasserschlauch	VI–VIII	gelb	10–80 cm	Sonne

Seerosen lassen sich gut vegetativ, das heißt durch Teilung, vermehren. Man sollte allerdings kräftige Pflanzen auswählen. Mit einem scharfen Messer durchtrennt man den Wurzelstock der Seerose (auch Rhizom genannt). Die Wurzelfäden werden dann etwa eine Handbreite unterhalb des Rhizoms abgeschnitten. Entfernen Sie in einem Schritt auch eventuell faulige Stellen. Die frischen Schnittstellen müssen anschließend mit Holzkohlenpuder bestreut werden. Auf diese Weise verhindert man einen erneuten Fäulnisbefall.

Wenn Sie die Seerosen in die Pflanzkörbe setzen, so achten Sie darauf, dass die Rhizome schräg und flach im Substrat liegen. Damit die Wurzel nicht aufschwimmt, wird das Substrat mit grobem Kies bedeckt. Für eine Übergangszeit sollte der neu gewonnene Ableger in einen separaten Kübel oder ins wärmere Flachwasser gesetzt werden. Erst wenn die Pflanze eigene Blätter gebildet hat, ist sie kräftig genug für das tiefe Wasser.

Schwimmpflanzen

Schwimmpflanzen wie Wassersalat oder Wasserhyazinthe werden einfach auf die Teichoberfläche gesetzt. Ihre Nahrung holen sie sich direkt aus dem Wasser

Der Wassersalat wächst im Sommer schnell zu dichten Teppichen heran. Im Herbst sammelt man die Pflanzen ab und überwintert sie frostfrei

Seekanne
Eine ebenfalls beliebte Schwimmblattpflanze ist die Seekanne. Sie gehört zu den Enziangewächsen und fühlt sich in Wassertiefen von 10–100 cm wohl. Die dünnen, im Bodenschlamm liegenden Rhizome bilden im Frühjahr Stängel aus, die nach und nach die Wasseroberfläche erreichen. Bis die Schwimmblätter sich komplett ausgebildet haben, wird es aber meist Juli. Dann beginnt auch die Blütezeit der Seekanne, die bis September andauert. Mit ihrem kräftigen Gelb sind die Seekannenblüten eine Zierde für jeden Gartenteich.

Teichrose
Die Gelbe Teichrose ist im Volksmund auch unter den Namen Nixblume oder Mummel bekannt. Sie liebt das tiefe Wasser und fühlt sich auch noch bei Wasserständen bis zu 120 cm wohl. Anders als bei der Seekanne bilden die aus dem Rhizom austreibenden Stängel ein üppiges Unterwasserlaub. Einige Stängel streben jedoch auch zur Wasseroberfläche und bilden dort Schwimmblätter aus. Die wuchsstarke Teichrose eignet sich sehr gut für größere Teiche. Sie bildet im Sommer langstielige gelbe Blüten aus, die bis etwa 10 cm über die Wasserfläche hinaus ragen.

Unterwasserpflanzen
Weniger aus optischen Gründen als zur Erhaltung des ökologischen Gleichgewichts des Gartenteiches sollte man auch Unterwasserpflanzen einsetzen. Der von diesen Pflanzen produzierte Sauerstoff ist wichtig für die Fische, außerdem reinigen sie das Wasser und halten das Algenwachstum in Grenzen. Pflanzen wie Frühlingswasserstern, Hornkraut, Nadelsimse, Wasserpest, Wasserfeder und das Quirlblättrige Tausendblatt sollten unbedingt Teil der Erstbepflanzung sein.

Tipps

- *Fleischfressende Pflanzen wie der Sonnentau oder die Venusfliegenfalle lieben feuchte und nährstoffarme Böden. Sie fühlen sich daher in der Feuchtzone des Gartenteiches ausgesprochen wohl. Aber Achtung: Einige Arten vertragen keinen Frost.*
- *Teiche mit einer ausgeprägten Sumpf- und Flachwasserzone verlieren im Sommer durch Verdunstung sehr viel Wasser. Sammeln Sie, wenn möglich, Regenwasser in einer Zisterne, und füllen Sie den Teich bei Bedarf aus diesem Reservoir nach.*
- *Entfernen Sie abgestorbene Blüten und Blätter stets sofort, damit das Wasser sich nicht mit organischem Material anreichert.*
- *Auch im Winter sind die Unterwasserpflanzen für den Teich sehr wertvoll, weil sie das Wasser mit Sauerstoff versorgen.*

Schwimmpflanzen

Die Schwimmpflanze mit der stärksten Verbreitung ist die Wasserlinse. Sie ist in vielen natürlichen Gewässern heimisch und findet oft als „Anhang" anderer Wasserpflanzen ihren Weg in den heimischen Gartenteich. Wer etwas mehr Variation liebt, sollte noch andere Schwimmpflanzen wie den Froschbiss oder die Krebsschere einsetzen. Auch Wasserhyazinthe, Großer Algenfarn und Wassersalat sind sehr dekorativ, müssen jedoch unbedingt frostfrei überwintern.

Die Sumpfdotterblume wird auch in Zuchtformen mit größeren Blüten als bei der Wildform angeboten

Die Blätter der Seekanne sind deutlich kleiner als die der Seerose. Die zarten gelben Blütenkelche zeigen sich im späten Sommer von Juli bis September

Oben: Seerosen bilden unter günstigen Bedingungen bald einen dichten Teppich auf der Wasseroberfläche

Links: Die Lobelie braucht mildes Klima zum Überwintern oder muss vor dem Frost ins Gewächshaus

Ein Lebensraum für Tiere

Zierfische sind für die meisten Teichbesitzer ein absolutes Muss. Neben Fischen bietet ein Teich aber auch vielen anderen Tieren, wie Fröschen und Libellen, wertvollen Lebensraum

Welche Tiere besuchen den Teich?

Wer in seinem Garten einen Teich anlegt, braucht nicht lange zu warten, bis dieser von Tieren besiedelt wird. Kleinlebewesen und Insekten zählen in der Regel zu den ersten Besuchern. Einige Tiere müssen jedoch auch eingesetzt werden. So lohnt sich beispielsweise die Anschaffung von Wasserschnecken, die sich von abgestorbenen Pflanzenteilen ernähren und auf diese Weise helfen, das Wasser von organischen Bestandteilen zu reinigen. Als Richtlinie kann gelten, dass pro Quadratmeter Teichoberfläche etwa fünf Schnecken eingesetzt werden sollten.

Der Teichfrosch (oben) findet sich schnell in fast jedem Teich ein. Erdkröten (rechts) mögen die feuchte Umgebung des Teiches

Schon im zeitigen Frühjahr findet man oft Frosch- und Krötenlaich im Wasser des Gartenteichs (unten)

Einen ähnlich guten Reinigungseffekt für das Wasser bieten auch Teichmuscheln. Besonders wichtig werden Teichmuscheln jedoch, wenn Sie in Ihrem Teich Bitterlinge halten wollen. Bitterlinge und Teichmuscheln leben in einer so genannten Symbiose miteinander, das heißt, die beiden Tiere sind in ihrer Existenz voneinander abhängig. Bitterlinge und Teichmuscheln helfen sich gegenseitig bei der Fortpflanzung. Das Bitterlingweibchen legt seine Eier in die Muschel, und die geschlüpften Bitterlinge tragen später die Muschellarven mit nach draußen. Teichmuscheln setzt man am besten in mit Sand gefüllte Schalen auf den Teichboden.

Bei dem Thema „Tiere im Gartenteich" denken die meisten natürlich zunächst an Fische, und zwar in der Regel nicht an Bitterlinge, Stichlinge, Moderlieschen, Elritzen und andere heimische Kleinfische, sondern an Goldfische, manchmal auch Goldorfen oder die immer beliebteren Kois. Die heimischen Fische eignen sich für die Teichhaltung zwar um einiges besser als ihre exotischen Konkurrenten, sie sind jedoch sehr unscheinbar und dazu noch recht scheu. Entscheidet man sich für Goldfische und Co., ist zu bedenken, dass diese Fische das Wasser mit ihren Ausscheidungen stark düngen und so das Algenwachstum begünstigen. Gerade bei kleinen Teichen kann daher auf eine Filteranlage kaum verzichtet werden.

Fische für den Teich

Der **Goldfisch** ist natürlich in erster Linie auf Grund seiner schönen Färbung beliebt. Hinzu kommt, dass er relativ genügsam ist. Er braucht lediglich ein ausreichend großes und bepflanztes Becken, ab 60 cm Tiefe kann er auch im Gartenteich überwintern. Sogar Sommerhitze übersteht er gut, wenn er die Möglichkeit hat, sich in tiefere und kühlere Bereiche zurückzuziehen. Man sollte nicht zu viele Tiere in den Teich setzen, damit sie nicht um die Nahrung konkurrieren müssen. Der Goldfisch verträgt sich mit anderen Fischarten ausgesprochen gut.

Goldorfe

Auch die Goldorfe wird als Zierfisch für den Gartenteich immer beliebter. Sie hält sich gerne an der Wasseroberfläche auf und gründelt nicht wie der Goldfisch. Das Wasser wird also nicht ständig von aufgewirbeltem Bodenmulm getrübt. Goldorfen können bis zu 50 cm lang werden, und sind daher langfristig nur für größere Teiche geeignet.

Koi (Farbkarpfen)

Für Kois empfehlen sich Teiche, die mindestens einen Meter tief sind. Die Fische sind auf einen üppigen Pflanzenbewuchs angewiesen. Wie der Goldfisch wühlt auch der Koi den Bodenmulm auf, was zu einer gewissen Wassertrübung führt. Die Be-

Oben: Vögel kommen ans Wasser, um zu baden

Rechts: Koikarpfen sind die reinsten „Hungermäuler"

Fische einsetzen

Vorsichtig werden die Fische beim Händler mit dem Kescher gefangen (A) und dann in einen Plastikbeutel mit Wasser gegeben (B). In diesem Beutel transportiert man sie so schnell wie möglich nach Hause und legt den Beutel kurz ins flache Wasser, damit sich die Wassertemperatur angleicht. Dann lässt man die Fische heraus (C). Schon bald sind frisch eingesetzte Kois handzahm (D).

deckung der Pflanzkörbe mit Kies kann diesbezüglich Abhilfe schaffen. Kois sind in vielen verschiedenen Färbungen erhältlich. Je nach Züchtung können die Preise recht hoch sein.

Stichling
Der Stichling ist ein heimischer Kleinfisch, der sich grundsätzlich für die Teichhaltung gut eignet. Auf Grund seiner geringen Größe (5–10 cm) fühlt er sich auch in kleinen Teichen wohl. Ein Problem kann allerdings seine Agilität darstellen, die während der Paarungszeit auch leicht in Aggressivität anderen Fischarten oder sogar Artgenossen gegenüber umschlägt. Man sollte Stichlinge daher nur in geringer Zahl halten. Die Lebensspanne eines Stichlings ist gegenüber Karpfenfischen mit zwei bis drei Jahren relativ kurz.

Moderlieschen
Wer Moderlieschen in seinen Gartenteich setzt, wird diese nur selten zu Gesicht bekommen, denn der 5– 9 cm lange Kleinfisch hält sich am liebsten im Verborgenen auf. Er bevorzugt mittlere Wassertiefen mit starkem Pflanzenbewuchs. Auch in Steinzonen hält er sich gerne auf. Das Moderlieschen ist ansonsten nicht anspruchsvoll. Es lebt im Schwarm und ernährt sich von Algen, Mücken, Larven und anderen Kleinlebewesen.

Elritze
Wie das Moderlieschen ist die Elritze ein Schwarmfisch. Sie ist etwas anspruchsvoller, denn sie braucht auf jeden Fall sauerstoffreiches und daher auch kühles Wasser. Die gesellige Elritze sollte nur in größerer Anzahl in den Teich gesetzt werden. Sie hält sich mit Vorliebe an der Wasseroberfläche auf, da sie hier Nahrung in Form von Insekten findet. Ist das Nahrungsangebot im Teich nicht groß genug, können Sie auch mit Trockenfutter zufüttern. Obwohl die Elritze wie die anderen heimischen Kleinfische eher unscheinbar ist, fällt das Männchen doch während der Paarungszeit durch eine attraktive grünrote Seitenfärbung auf.

Bitterling
Der Bitterling lebt, wie bereits angesprochen, mit der Teichmuschel in Symbiose. Ohne Teichmuschel kann sich der Bitterling nicht fortpflanzen. Der 4–10 cm lange Schwarmfisch ist ansonsten unkompliziert in der Haltung. Während der Laichzeit erkennt man das Männchen an der intensiven Färbung.

Frösche und Kröten

Befinden sich in der Nachbarschaft des eigenen Gartens natürliche Gewässer oder andere naturnah angelegte Teiche, ist die Chance recht groß, dass auch ein **Wasserfrosch** den Weg in den neu angelegten Wassergarten findet und sich an dem Teich ansiedelt. Am häufigsten trifft man in dieser Umgebung den Wasserfrosch an, der grün, manchmal auch braun gefärbt ist. Vom Grasfrosch unterscheidet sich der Wasserfrosch dadurch, dass er keinen dunklen Schläfenfleck besitzt. Während der Paarungszeit im Frühjahr lassen die Froschmännchen ihr lautes Quak-Konzert ertönen.

Erdkröte
Viele Gartenbesitzer wissen die Erdkröte als natürlichen Schädlingsbekämpfer zu schätzen, denn sie ernährt sich in erster Linie von Schnecken und Gliedertieren. Die Erdkröte sucht sich ihre Behausung gerne in Wassernähe, da sie im Wasser ihren Laich ablegt. Ideale Wohnbedingungen für Erdkröten stellen Baumwurzeln und Steine dar, unter denen sie sich verkriechen können. Doch auch ein umgekippter Blumentopf wird gerne als Wohnung genutzt.

Schnecken und Muscheln

Die **Spitzschlammschnecke** ist auch unter dem Namen Spitzhornschnecke bekannt. Wie bereits erwähnt, sind Wasserschnecken äußerst nützliche Teichbewohner, weil sie sich von Algen ernähren und so zum Erhalt des ökologischen Gleichgewicht eines Teiches beitragen. Spitzschlammschnecken laichen mit Vorliebe an der Unterseite von Seerosenblättern.

Posthornschnecke
Die Posthornschnecke gehört zur Familie der Tellerschnecken und ist gleichzeitig ihr größter Vertreter. Man erkennt sie gut an ihrer flachen Form. Manchmal siedeln sie sich eigenständig im Teich an, falls nicht, sollten Sie auch von diesen nützlichen Algenvertilgern einige Exemplare in Ihren Teich einsetzen.

Teichmuschel
Die Teichmuschel arbeitet fast wie eine kleine Filteranlage. Sie nimmt ständig Wasser aus der Umgebung auf, filtert die Schwebstoffe, von denen sie sich ernährt, heraus und führt das geklärte Wasser wieder hinaus.
Wie bereits angesprochen, braucht der Bitterling die Teichmuschel zur Fortpflanzung.

Links: Libellen brauchen das Wasser, um ihre Eier abzulegen, aus denen sich Larven bilden, die dann im Wasser leben

Unten: Nach ein bis drei Jahren werden aus den Larven Libellen. Zurück bleibt die Haut

Oben: Posthorn- und Spitzhornschnecke

Links: Teichmuschel

Insekten

Der **Wasserläufer** ist fast in jedem Gartenteich zu finden. Es ist faszinierend zu beobachten, wie das Wasser das Insekt trägt. Es nutzt dabei, wie wir heute wissen, dessen Oberflächenspannung.

Gelbrandkäfer
Ein etwas seltenerer Gast am und im Teich ist der Gelbrandkäfer. Unter Wasser macht er Jagd auf Kaulquappen und kleine Fische, die er mithilfe seiner hakenartigen Fresswerkzeuge vertilgt. Der Gelbrandkäfer ist gut an den seitlichen gelben Streifen und den gelben Querstreifen hinter dem Kopf zu erkennen.

Libellen
In unseren Breiten sind verschiedene Libellenarten heimisch. Obwohl manche Exemplare auf Grund ihrer Größe und der lauten Fluggeräusche gefährlich wirken, sind sie jedoch absolut harmlos. Libellen werden von Wasserflächen aller Art magisch angezogen, da sie hier ihre Eier ablegen. Sind die Libellenlarven geschlüpft, leben sie noch ein bis drei Jahre als gefräßige Räuber im Wasser, bevor sie sich in Libellen verwandeln und sich in die Lüfte erheben.

Die Qualität des Wassers

Wie wohl sich Pflanzen und Tiere in einem Gartenteich fühlen, hängt in erster Linie von der Wasserqualität ab. Prüfen Sie deshalb Härte, pH-Wert und Temperatur

Einen gesunden Teich erkennt man meist schon auf den ersten Blick. Das Wasser ist klar, die Pflanzen gedeihen gut (oben). Wird das Wasser zudem über einen Wasserfall ständig umgewälzt (rechts) erhöht dies den Sauerstoffgehalt und fördert auf diese Weise die Selbstreinigungskräfte

Die erste Wasserkontrolle

Zum Befüllen Ihres Gartenteiches können Sie normales Leitungswasser verwenden. Das im Wasser enthaltene Chlorgas entweicht bereits nach kurzer Zeit. Je nach Region ist das Leitungswasser mehr oder weniger kalkhaltig. Man spricht auch von weichem (wenig Kalk) und hartem (viel Kalk) Wasser. Die Wasserwerke geben die Härte des Wassers in Deutschen Härtegraden (dH) an. Wasser bis 7° dH bezeichnet man als weich, bei 7–14° dH ist das Wasser mittelhart. Bei 14–21° dH spricht man von hartem und bei über 21° dH von sehr hartem Wasser. Die meisten heimischen Pflanzen und Tiere fühlen sich in mittelhartem Wasser am wohlsten, können aber auch in wei-

cherem oder härterem Wasser leben. Falls Sie den Härtegrad Ihres Leitungswassers nicht kennen, können Sie ihn bei Ihrem Wasserwerk erfragen.

Welchen pH-Wert hat das Wasser?

Neben dem Härtegrad des Wassers ist noch der pH-Wert von Bedeutung. Mit seiner Hilfe wird das Verhältnis von sauren und basischen Stoffen im Wasser angegeben. Die Skala zur Angabe des pH-Werts besitzt 14 Stufen. Der Mittelwert 7 wird als Neutralwert bezeichnet, da hier ein Gleichgewicht der sauren und basischen Stoffe besteht. Besitzt das Wasser einen pH-Wert unterhalb von 7, ist es mehr sauer, über 7 ist es mehr alkalisch.

Der pH-Wert unseres Leitungswassers bewegt sich in der Regel zwischen 6,5 und 7, ist also leicht sauer bis neutral. Für Zierfische, die mit Werten zwischen 6 und 9 zurechtkommen, ist das Leitungswasser also ideal. Gibt man Fische in zu saures oder zu alkalisches Wasser, kann es zu Schäden an Haut, Kiemen oder Flossen kommen. Damit der neutrale pH-Wert des

Die Erstbefüllung

1

Meist muss bei der Erstbefüllung des Teiches auf Leitungswasser zurückgegriffen werden. Es empfiehlt sich, den pH-Wert des Wassers vorher zu prüfen

2

Wird das Wasser beim Befüllen des Teiches trübe, so liegt das an aufgewirbeltem Bodengrund und Pflanzensubstrat. Nach ca. zwei Tagen ist es wieder klar

3

Hat sich das Wasser geklärt, siedeln sich erste Kleinlebewesen an. Auch winzige Algen beginnen schon nach kurzer Zeit, den neuen Lebensraum zu erobern

pH-Wert prüfen

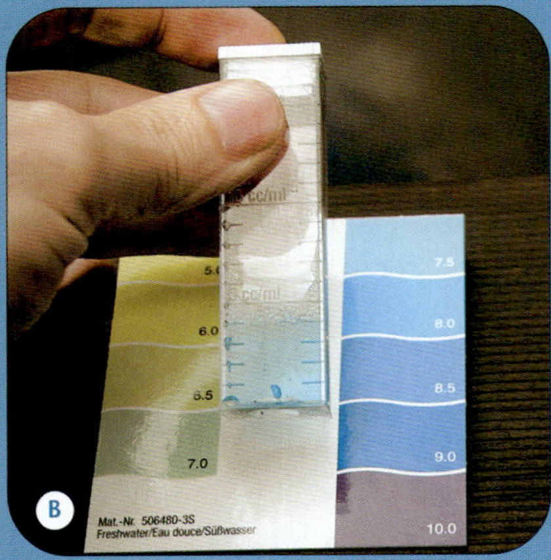

Teststreifen oder Testflüssigkeiten zur Überprüfung des pH-Werts von Wasser gibt es im Garten- oder Aquarien-Fachhandel. Diese Kontrolle ist wichtig, wenn Regenwasser zum Nachfüllen verwendet wird. Teststreifen aus Papier werden einfach ins Wasser gehalten. Je nach pH-Wert verfärben sie sich unterschiedlich. Beim hier gezeigten Verfahren werden dagegen 5 ml Teichwasser mit 7 Tropfen einer speziellen Testflüssigkeit versetzt. Schon nach wenigen Sekunden verfärbt sich das Wasser. Anhand der mitgelieferten Farbtabelle kann man dann ablesen, wie hoch der pH-Wert ist.

Teichwassers auch dauerhaft erhalten bleibt, sollten Sie gesammeltes Regenwasser nur zuführen, wenn es nicht zu stark mit Säure belastet ist. Gerade nach langen Trockenperioden ist der erste Regenguss oft extrem sauer. Dieses Wasser sollten Sie nicht in den Teich, sondern in die Kanalisation leiten. Um sich ein genaues Bild zu machen, sollten Sie sowohl das Teichwasser als auch das gesammelte Regenwasser von Zeit zu Zeit mit einem Teststreifen (im Gartenfachhandel erhältlich) auf seinen pH-Wert prüfen.

Nährstoffgehalt und Temperatur des Wassers

Ein gesunder Teich zeichnet sich dadurch aus, dass Bodengrund und Pflanzsubstrat nur wenig Stickstoff enthalten. Weiterhin muss dafür gesorgt sein, dass die Teichpflanzen dem Wasser genügend Nährstoffe entziehen, um das Algenwachstum einzudämmen. Befinden sich, etwa aufgrund eines Überbesatzes an Zierfischen, zu viele organische Substanzen im Wasser, steigen Nitrat- und Phosphatgehalt des Wassers an. Im Idealfall liegt der Nitratwert des Teichwassers unter 80 mg/l, der Phosphatwert unter 5 mg/l. Werden diese Werte überschritten, trübt das Wasser mit dem vermehrten Algenwachstum nach und nach ein, im schlimmsten Fall folgt das so genannte biologische „Umkippen" des Gewässers.

Wichtig ist auch der Sauerstoffgehalt des Wassers. Je sauerstoffreicher das Wasser ist, desto wohler fühlen sich die Fische. In der Regel reicht der Sauerstoff, den die Atmosphäre und die Pflanzen an das Wasser abgeben, völlig aus, Sie können die Anreicherung des Wassers mit Sauerstoff aber auch durch Springbrunnenanlagen oder Luftsprudler unterstützen.

Wie viel Sauerstoff das Wasser aufnehmen kann, hängt ganz entscheidend von seiner Temperatur ab. Kaltes Wasser kann sehr viel mehr Sauerstoff aufnehmen als warmes. Aus diesem Grund ist es so wichtig, dass jeder Teich eine Tiefwasserzone besitzt, die sich auch im Sommer nicht zu stark aufheizt und die den Fischen ein ausreichendes Sauerstoffreservoir bietet.

Wird das Wasser Ihres Teiches im Sommer oft sehr warm, bietet sich als wirksame Maßnahme das Einsetzen von Schatten spendenden Schwimmblattpflanzen an.

Über die Oberfläche des Teiches verdunstet stetig Wasser. Gerade wenn es im Sommer über längere Zeit heiß und trocken ist, kann man beobachten, wie der Wasserpegel von Tag zu Tag sinkt. Unter Umständen müssen Sie den Teich in einer solchen Trockenperiode nachfüllen. Wie bei der Erstbefüllung können Sie hierzu Leitungswasser verwenden. Sie sollten aber beachten, dass dieses Wasser im Gegensatz zum Teichinhalt sehr kalt ist. Damit Pflanzen und Tiere keinen Kälteschock erleiden, empfiehlt es sich, an den Schlauch einen Rasensprenger anzuschließen, der das Wasser tröpfchenweise auf die Teichoberfläche regnen lässt. Diese Methode hat gleich zwei Vorteile: Das Wasser wird durch den Luftkontakt temperiert und gleichzeitig reduziert sich der Chlorgehalt.

Regenwasser nutzen

Um die Verdunstung des Teichwassers im Sommer auszugleichen, muss man nicht unbedingt auf teures Leitungswasser zurückgreifen. Oft hat unser Trinkwasser auch einen zu hohen Kalkgehalt. Verwenden Sie einfach kostenloses Regenwasser, das Sie über einen Sammler vom Hausdach ableiten.

Den Teich richtig pflegen

Naturnahe Gartenteiche brauchen nur ein Minimum an Pflege. Dennoch sollten Sie den Zustand des Wassers und eventuell eingesetzte Technik regelmäßig kontrollieren

Eine regelmäßige Kontrolle ist wichtig

Wichtig für einen naturnahen Garten ist, dass sich der Mensch, wo immer möglich, mit seiner ordnenden Hand zurückhält und der Pflanzen- und Tierwelt Gelegenheit gibt, sich eigenständig zu entwickeln. Auch ein Gartenteich braucht nur sehr wenige Pflegemaßnahmen, eine regelmäßige Kontrolle ist aber dennoch wichtig. Schauen Sie wenigstens einmal pro Woche nach dem Rechten. Im Sommer muss vor allen Dingen der Wasserstand beobachtet werden. Sinkt der Pegel aufgrund von starker Verdunstung und ausbleibendem Regen zu sehr ab, sollte man den Teich mit Frischwasser oder gesammeltem Regenwasser nachfüllen.

Der so genannte Skimmer nimmt Verschmutzungen an der Wasseroberfläche auf und führt sie zu einem angeschlossenen Filtersystem

Wer in seinem Teich Zierfische hält, sollte diese einmal täglich füttern. Aber Achtung: Geben Sie nur so viel Futter, wie die Fische sofort fressen. Füttert man die Fische zu viel, wirkt sich das negativ auf die Wasserqualität aus. Achten Sie auch darauf, ob die Fische alle gesund sind. Kranke Fische sollte man so schnell wie möglich mit einem Kescher herausholen und in ein separates Becken setzen. Dort stellt man sie unter Beobachtung.

Haben Sie den Verdacht, dass die Wasserqualität in Ihrem Gartenteich nicht optimal ist, sollten Sie einmal in der Woche den pH-Wert kontrollieren und bei Bedarf Maßnahmen zur Regulierung ergreifen. Versuchen Sie weitgehend zu verhindern, dass abgestorbene Pflanzenteile ins Wasser gelangen. Auf diesem Wege kommen Nährstoffe ins Wasser, die zu einer Überdüngung führen können. Die Bildung von Algen ist in einem Gartenteich in einem gewissen Maße normal. Treten Sie zeitweise verstärkt auf, können Sie die Fäden vorsichtig von der Oberfläche abfischen. Ist starkes Algenwachstum jedoch ein Dauerzustand, ist die Anschaffung einer Filteranlage unbedingt zu empfehlen.

Mit dem Schlammsauger (rechts) können Sie grobe Schmutzpartikel, die auf den Teichboden gesunken sind, absaugen (oben)

Pflegemaßnahmen

Um einer Überdüngung und der Bildung von Bodenschlamm frühzeitig entgegenzuwirken, sollten Sie abgestorbene Pflanzenteile regelmäßig herausfischen

Für ein Loch in der Eisdecke des Zierfischteichs kann ein so genannter Eisfreihalter sorgen. Für die Sauerstoffzufuhr ist er jedoch weniger geeignet

Filterpumpen können in frostfreier Tiefe ganzjährig laufen. Die Wasserqualität wird so verbessert und der Gartenteich bleibt aufgrund der Abwärme eisfrei

Pumpenreinigung

Öffnen Sie die Pumpe, um an den Filterschwamm zu gelangen und ihn von Verschmutzungen zu reinigen. Danach das vorgeschaltete Sieb durchspülen

Den Rotorraum reinigen Sie, indem Sie einen Schlauch in den Auslassstutzen stecken und die Pumpe so in entgegengesetzter Fließrichtung durchspülen

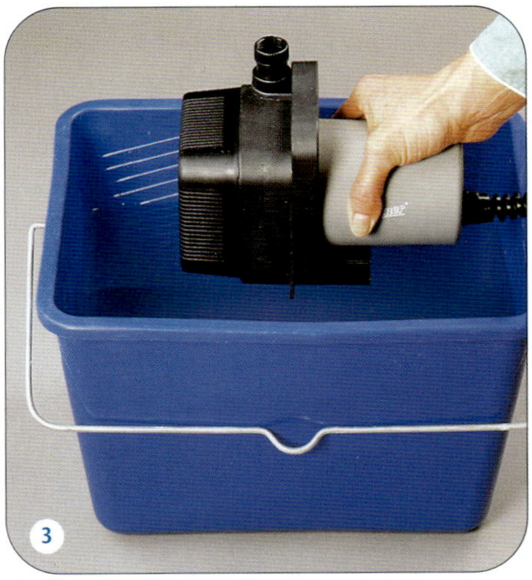

Soll die Pumpe im Winter nicht laufen, kann man sie in einem wassergefüllten Eimer aufbewahren. Lager und Dichtungen dürfen nicht austrocknen

Technische Geräte für den Gartenteich, wie Springbrunnen und Filter, sollten Sie möglichst einmal im Monat kontrollieren und bei Bedarf reinigen. Achten Sie darauf, dass bei allen Arbeiten an den Geräten der Netzstecker gezogen ist. Wenn Sie eine Pumpe aus dem Wasser herausheben, so tun Sie das mithilfe des angebrachten Haltegriffs oder der Zugleine. Auf keinen Fall sollte man Pumpen am Anschlusskabel hochziehen oder tragen.

Beginnen Sie bei der Reinigung der Pumpe mit dem Gehäuse. Als Nächstes wird das Einlaufsieb entfernt und durchgespült. Säubern Sie dann den dahinter liegenden Filterschwamm. Den Rotorraum reinigen Sie mithilfe eines Gartenschlauchs, den Sie auf den Auslassstutzen der Pumpe setzen. Auf diese Weise wird er gründlich durchgespült. Auch Springbrunnenpumpen müssen regelmäßig gereinigt werden, sie verschmutzen aber wesentlich weniger stark als die Filterpumpen.

Teichpumpen sind winterfest, sie müssen also in der kalten Jahreszeit nicht aus dem Wasser genommen werden, vorausgesetzt, der Teich friert nicht durch. Betreibt man die Pumpe auch im Winter, gelangt auch Sauerstoff ins Wasser, wenn die Oberfläche zugefroren ist. Zusätzlich wird der Teich durch den Pumpenbetrieb leicht erwärmt.

Aber auch, wenn Sie die Pumpe während der Wintermonate aus dem Teich herausnehmen, sollten Sie sie keinesfalls trocken lagern. Die Dichtungen könnten so leicht spröde werden. Legen Sie die Pumpe stattdessen nach einer gründlichen Reinigung in einen mit Wasser gefüllten Eimer. Die Wintermonate eignen sich auch gut dazu, die Pumpe zu entkalken, falls dies notwendig sein sollte. Geben Sie einfach einen entkalkenden Spezialreiniger mit in den Eimer.

Wie schnell Teichfilter verschmutzen, hängt davon ab, wie stark das Wasser verunreinigt ist. Spülen Sie die Filterschwämme oder -matten gründlich aus. Bei Bio-Filtern müssen Sie auch das in der Patrone befindliche Granulat einer Reinigung unterziehen.

Teichpflege im Jahreszeitenwechsel

Im Winter macht der Gartenteich am wenigsten Arbeit. Zwar wird immer wieder der Ratschlag gegeben, dass man bei Dauerfrost die Eisschicht regelmäßig aufhacken soll – da kaltes Wasser jedoch sehr viel mehr Sauerstoff aufnehmen kann als warmes und die Fische ohnehin ihren Stoffwechsel bei niedrigen Temperaturen herunterfahren, sind solche Maßnahmen unnötig. Ebenso überflüssig ist das Einbringen von Strohbündeln auf der Teichoberfläche, um den Gasaustausch zu fördern.

Eine sinnvolle Winterarbeit ist jedoch das Auslichten von Schilf- und Binsenpflanzen. Besitzt der Teich eine tragfähige Eisfläche, erreichen Sie auch Stellen, die sonst nur schwer zugänglich sind.

Im Sommer sollten Sie die Wasserqualität ständig im Auge haben. Versuchen Sie einer Überdüngung des Wassers kontinuierlich entgegenzuwirken, indem Sie Algen, Wasserlinsen und abgestorbene Pflanzenteile wann immer möglich von der Teichoberfläche entfernen. Überprüfen Sie während langer Hitzeperioden die

Anlaufhilfe

Manchmal kommt es vor, dass eine Teichpumpe nach einer längeren Pause nicht sofort anläuft. Ursache sind meist Ablagerungen im Rotor. Drehen Sie in diesem Fall bei gezogenem Netzstecker das Flügelrad mit einem Schraubenzieher, bis sich die Ablagerungen gelöst haben.

Wassertemperatur und lassen Sie bei zu warmem Wasser eine Springbrunnenpumpe laufen, um das Wasser mit Sauerstoff anzureichern. Zeitweise kommt es vor, dass manche Wasserpflanzen im Sommer einen enormen Wachstumsschub haben und andere Gewächse überwuchern. In diesem Fall können Sie die Pflanzen auch ohne weiteres während der warmen Jahreszeit zurückschneiden.

Im Herbst sollten Sie darauf achten, dass nicht zu viel Laub auf den Teich geweht wird. Befinden sich viele Laubbäume in der direkten Nachbarschaft des Teiches, empfiehlt es sich, ein Netz über die Oberfläche zu spannen. Alternativ können Sie die Blätter aber auch regelmäßig abfischen. Schneiden Sie abgestorbene Seerosenblätter ab, so weit Sie sie vom Teichrand aus erreichen können. Für exotische Wasserpflanzen, die nicht winterhart sind, und frostempfindliche Seerosen ist es nun Zeit, in bereitgestellte Kübel oder Zimmerteiche umzuziehen.

Der Winter eignet sich besonders gut, um stark wuchernde Teichpflanzen zurückzuschneiden. Trägt die Eisdecke, erreichen Sie auch sonst schwer zugängliche Bereiche gut. Im Frühjahr wachsen die Pflanzen dann umso kräftiger wieder nach

REGISTER

Hinweis: Die Anleitungen in diesem Buch sind sorgfältig recherchiert und geprüft worden. Dennoch ist jegliche Haftung für Personen-, Sach- und Vermögensschäden ausgeschlossen, soweit gesetzlich zulässig. Insbesondere handelt es sich bei den Ratschlägen und Empfehlungen dieses Buchs um unverbindliche Auskünfte gemäß § 676 BGB.

Bildnachweis
Fotos: Heissner AG, Lauterbach: S. 83 (2), S. 90 (1); Himmelhuber, Regensburg: S. 61 (6), S. 62 (6), S. 63; Oase Wübker GmbH, Hörstel: S. 84 (3), S. 86 (3), S. 87 (2), S. 114, S. 115 (1); OBI: S. 90 (1), S. 91 (5); Osmo Holz und Color, Warendorf: S. 38, S. 54; Selbst ist der Mann: S. 44 (1), S. 96 (6), S. 97 (3), S. 111 (3); Ubbink, Bocholt: S. 46-48
Alle anderen Fotos und Umschlagmotive: Archiv des Autors
Grafiken: Malcolm Powell, Köln

Layout: Wolfgang Rattay, Köln

Printed in Italy

ISBN 3-8118-1083-9